WETTER

VON DER KLIMAGESCHICHTE ZUR WETTERPROGNOSE

WETTER

Von der Klimageschichte zur Wetterprognose

JULIE LLOYD

HERAUSGEGEBEN VON JANE BENN UND DUNCAN JOHN

Parragon

Bath · New York · Singapore · Hong Kong · Cologne · Delhi · Melbourne

Entwurf und Realisation:
Atlantic Publishing

Detaillierter Bildnachweis siehe S. 256

Parragon Books Ltd
Queen Street House
4 Queen Street
Bath BA1 1HE, UK

Übersetzung aus dem Englischen:
Ursula Fethke, Köln
Projektmanagement: Nazire Ergün, Köln
Koordination: trans texas publishing, Köln

ISBN 978-1-4075-1207-5

Printed in China

INHALT

Die Wettervorhersage heute 170

Das Wetter bändigen 188

Klima der Vergangenheit 198

Klima der Zukunft 210

Wetterrekorde 242

EINFÜHRUNG

Das Wetter ist meist nur dann ein Thema, wenn man morgens vor dem Kleiderschrank steht oder über den nächsten Urlaub nachdenkt. Ist es kalt oder heiß? Wird es regnerisch oder windig? Ansonsten schenkt man nur ungewöhnlichen Wetterereignissen Beachtung, wie etwa einer Hitzeperiode oder einem Sturm. Mit der Zunahme ungewöhnlicher Wettereffekte ist nun auch unser echtes Interesse am Wetter gestiegen.

Die Meteorologie ist eine junge Wissenschaft. Erst in den letzten beiden Jahrhunderten wurde das Einwirken der Sonnenenergie auf die Erdatmosphäre erforscht, das Wetterlagen und Klimazonen entstehen lässt. Und doch sind wir trotz aller Bemühungen, das Wetter zu beeinflussen und seine außergewöhnlichen Kräfte für uns zu nutzen, weiterhin Naturgewalten und Klimabedingungen ausgeliefert.

Dieses Buch erläutert atmosphärische Phänomene wie Haloerscheinungen, Hurrikane oder Nebensonnen. Behandelt wird auch der Klimawandel, der die Geografie in die vorderste Front der politischen Debatte hat rücken lassen. In welchem Maße ist es dem Menschen anzurechnen, dass 19 der 20 heißesten Jahre seit Beginn der Wetteraufzeichnung nach 1980 aufgetreten sind? Und selbst wenn der Kohlendioxidausstoß drastisch gesenkt würde – ist es vielleicht schon zu spät?

Wetter und Klima

WETTER

Die Meteorologie oder wissenschaftliche Erforschung des Wetters hat in den letzten fünfzig Jahren entscheidende Fortschritte gemacht. Zum einen verfügen wir über zuverlässige Wetteraufzeichnungen aus mindestens zwei Jahrhunderten. Daneben bietet eine Fülle historischer Quellen umfangreiche Zusatzinformationen, die der Forschung ein klareres Bild der Vergangenheit ermöglichen und zugleich Anhaltspunkte dafür bieten, wie unsere Zukunft möglicherweise aussehen könnte.

Ursache für unser Wetter ist die konstante Bewegung in der Erdatmosphäre. Unter Wetter versteht man normalerweise den physikalischen Zustand der unteren Atmosphäre an einem bestimmten Ort zu einem bestimmten Zeitpunkt. Wettervorhersagen beziehen sich damit auf eine bestimmte Region und werden häufig – mindestens einmal täglich – erstellt. Im Gegensatz dazu umfasst das Klima die relevanten Wetterelemente an einem bestimmten Ort über einen längeren Zeitraum, im Allgemeinen mindestens dreißig Jahre. Dadurch sollen die Einflüsse extremer Wettersituationen relativiert werden und sich ein klareres Bild der zu erwartenden Klimaphänomene ergeben.

KLIMA

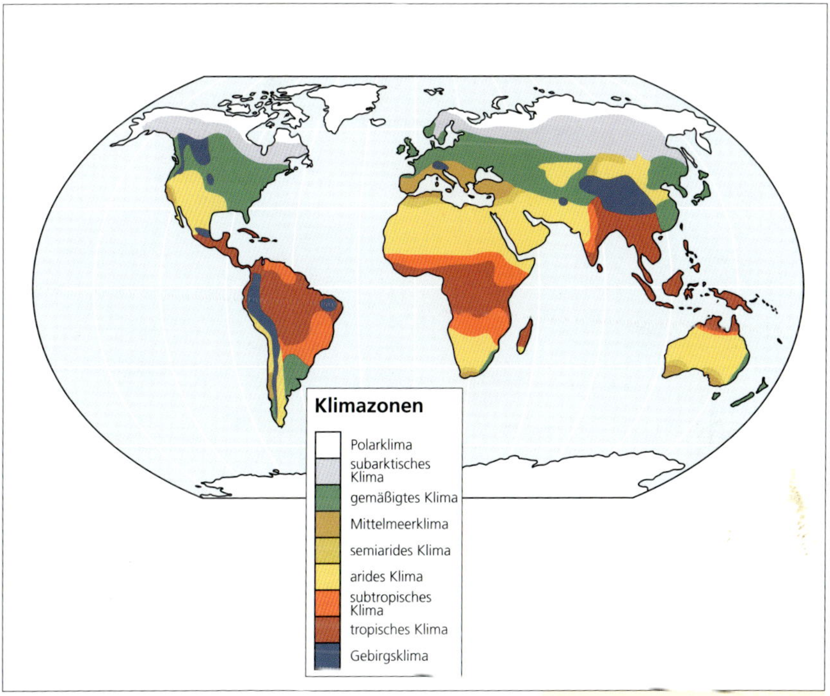

Die durchschnittlichen Wetterbedingungen an einem gegebenen Ort nennt man Klima. Wichtigste Elemente sind die Monatsmittel von Temperatur und Niederschlag. Der Erdball untergliedert sich in mehrere Klimazonen, die nicht deutlich voneinander getrennt sind, sondern allmählich ineinander übergehen. Auch ist jedes Jahr anders. So werden die in Nord- und Mitteleuropa gelegentlich auftretenden langen, heißen Sommer als Mittelmeersommer bezeichnet, weil sie viel mehr dieser Klimazone entsprechen. Grob unterscheidet man nach der Breite die Tropen (heiß, ohne ausgesprochene temperaturbasierte Jahreszeiten), die mittleren Breiten (gemäßigt, ausgeprägter Winter, Frühling, Sommer und Herbst) und die Polarzone (kalt, starke Jahreszeitenausprägung, lange Winter).

Der griechische Philosoph Aristoteles bestimmte als Erster Klimazonen und unterteilte die Welt anhand des Sonnenstands über dem Horizont in eine heiße, gemäßigte und kalte Zone. Moderne Klimakarten unterscheiden deutlich mehr Regionen nach Kriterien wie geografische Breite, Höhe über dem Meeresspiegel, Entfernung zum Meer, Temperatur und Niederschlag.

TROPISCHES KLIMA

Durch den Stufenaufbau gelangt unterschiedlich viel Licht von oben bis nach unten auf den Boden des Regenwalds, in dem Tausende Pflanzen den vielfältigen Lebensraum für Tiere, Vögel und Insekten bilden.

Die Tropen erstrecken sich zwischen den beiden Wendekreisen bis 23,5° nördlicher und südlicher Breite. Allein in dieser Zone steht die Sonne genau im Zenit. Deshalb sind die Temperaturen stets hoch – außer in den Hochlandregionen – und die „Jahreszeiten“ unterscheiden sich nur durch Veränderungen von Wind und Niederschlag. Solche Bedingungen sind ideal für das Pflanzenwachstum, und daher liegen auch die größten Regenwälder der Welt zwischen 10° südlicher und nördlicher Breite. Die bekanntesten sind der Amazonasregenwald in Brasilien, das Kongobecken in Zentralafrika und die Dschungel in Malaysia, Indonesien, Myanmar und Vietnam. Im tropischen Regenwald regnet es nahezu täglich, und es ist das ganze Jahr über heiß. Am Boden ist es feucht und dunkel. Die Bäume wachsen im Wettkampf um das Licht bis zu 60 m hoch.

SUBTROPISCHES KLIMA

Als Subtropen bezeichnet man die Klimazonen unmittelbar nördlich und südlich der Wendekreise. In etwa umfasst dies die Gebiete zwischen 23,5° und 35° nördlicher und südlicher Breite. Die Sommer sind meist sehr warm bis heiß, die Winter tropenuntypisch. In den Subtropen, d. h. den Küstenregionen Kaliforniens, in Texas, Südflorida, Nordindien, den Küstengebieten Australiens und Südafrikas, sinkt die Lufttemperatur gewöhnlich nicht unter den Gefrierpunkt (0 °C). Die Niederschläge verteilen sich relativ gleichmäßig über das Jahr, weshalb keine deutlich unterschiedenen Regen- oder Trockenzeiten auftreten.

Das kalifornische Klima reicht von subtropisch bis subarktisch, größtenteil ist es mediterran. An den Küsten Kaliforniens sind die Sommer heiß, die Winter mild und feucht. Im Sommer können die Temperaturen auf über 32 °C steigen, und es kann Smog geben. Im Winter fallen die Durchschnittstemperaturen auf 12 °C, gelegentlich regnet es.

WÜSTENREGIONEN

Es gibt unterschiedliche Wüsten, aber alle entstehen, weil es an Wasser fehlt. Meist bestehen die unverwechselbaren Wüstenlandschaften aus Sand und Gestein. Man unterscheidet drei Haupttypen: die Sandwüste (Erg), die Felswüste (Hammada) und die Geröllwüste (Reg). In Wüsten gibt es manchmal wertvolle Mineralvorkommen, und zudem erhalten sich durch das trockene Klima prähistorische Artefakte und Fossilien besonders gut.

Ein Fünftel der Landflächen unseres Planeten besteht aus heißen Wüsten und Halbwüsten. Als Wüste bezeichnet man unfruchtbare Trockengebiete mit einem mittleren Jahresniederschlag unter 250 mm. Sie kennen extreme Temperaturen; infolge intensiver Sonneneinstrahlung kommt es zu Spitzentagestemperaturen von über 50 °C. Obwohl am Tag sehr heiß, wird es in der Wüste nachts empfindlich kalt, da die Luft sehr trocken ist und deshalb kaum Wärme zurückhält. Der wolkenlose Himmel steigert die nächtliche Wärmeabgabe noch. Der Wüste haftet der Ruf der Lebensfeindlichkeit an, und doch leben dort zahlreiche Tierarten. Viele von ihnen verbergen sich tagsüber, um ihre Körpertemperatur zu regulieren und den Feuchtigkeitsverlust zu begrenzen. Mit den seltenen Regenschauern erwacht dann das Leben in der Wüste.

GEMÄSSIGTES GRASLAND

Im Binnenland der gemäßigten Zonen erstrecken sich dort, wo die Niederschlagsmenge für ein Baumwachstum nicht ausreicht, ausgedehnte Grasflure. Kennzeichnend für das Klima sind heiße Sommer und kalte Winter mit einem gemittelten Jahresniederschlag in Regen oder Schnee zwischen 250 und 500 mm. Der Boden dort ist zu feucht, um als Wüste zu gelten, aber zu trocken für einen durchschnittlichen Wald. Dieses Grasland trägt so unterschiedliche Namen wie Prärie, Steppe oder Pampa. Es kann Halbwüste sein oder von Gras oder Sträuchern bedeckt – oder auch beides, abhängig von der Jahreszeit und geografischen Breite. Die größte Steppe der Welt, der eurasische Steppengürtel, erstreckt sich über viele Tausend Kilometer von Ungarn durch Russland und die zentralasiatischen Länder bis zur Mongolei.

Die nordamerikanische Prärie ist eines der bekanntesten Beispiele für gemäßigtes Grasland. Sie dehnt sich von den kanadischen Prärieprovinzen fast bis zum Golf von Mexiko und im Osten bis südlich der Großen Seen. Einst grasten auf der Prärie Gabelbock- und Bisonherden, bevor Siedler sie im 19. Jahrhundert beinahe ausrotteten. Heute ist der größte Teil der Prärie mit Weizen, Hafer, Gerste und Mais bepflanzt.

MITTELMEERKLIMA

Das Mittelmeerklima ist ideal für den Obstanbau. Vor allem Weintrauben, Melonen und Zitrusgewächse gedeihen; viele Mittelmeeranrainer sind bedeutende Weinerzeuger. Oliven liefern von jeher Olivenöl. Auch Gemüse wird angepflanzt, und wo die geringen Sommerniederschläge durch Bewässerung ergänzt werden können, ist mehr als eine Ernte im Jahr möglich.

Trotz seines Namens beschränkt sich dieses Klima nicht nur auf die Mittelmeerländer. Mittelmeerklimate treten zwischen 30° und 40° nördlicher und südlicher Breite auf. Im Sommer bringen warme, trockene Winde trockene Witterung vom Äquator. Im Winter wenden sich die Winde dann in Richtung Äquator, und Westwinde bringen Regen. Die Sommer sind heiß und die Winter noch so warm, dass Pflanzen gedeihen. Frost und Schnee treten nur selten auf. Am Mittelmeer ist das Klima vom Meer geprägt. Im Sommer ist das Meer kühler als das Land, sodass die Luft über dem Meer und der Küste absinkt und es dort selten regnet. Dass es nur wenige Wolken gibt, hat hohe Temperaturen zur Folge. Im Winter ist das Meer wärmer als das Land: An der Küste sind die Winter mild, während die feuchtwarme Meeresluft Regen bringt. In anderen Regionen mit diesem Klima sorgen kühle Meeresströme für ein kaltes Klima.

GEMÄSSIGTES KLIMA

Die gemäßigten Zonen liegen zwischen den Wende- und den Polarkreisen und damit in den Breiten der wechselhaften Westwinde. Der Jahreszeitenwechsel ist im Allgemeinen schwächer ausgeprägt und kennt warme Sommer und kühle Winter. Dennoch kann das Wetter in der gemäßigten Klimazone plötzlich umschwingen. Wettersysteme sorgen ganzjährig für Regenperioden und dringen tief in das europäische Binnenland ein, weil sie von keinem Gebirge behindert werden. In den gemäßigten Zonen werden Temperatur- und Niederschlagsmittel vor allem von der geografischen Breite und dem Schutz durch Hügel oder Gebirge bestimmt. Alle diese Regionen kennen eine Ruhephase, während der die Temperatur unter 6 °C fällt und das Pflanzenwachstum ruht. Im Allgemeinen herrschen günstige Bedingungen für ein üppiges Pflanzen- und Tierleben. Etwa 80% der Weltbevölkerung lebt in gemäßigten Zonen.

Zu den gemäßigten Klimazonen gehören Teile Nord- und Mitteleuropas, British Columbia in Kanada, die US-Bundesstaaten Oregon und Washington, Südchile, Tasmanien und die Südinsel Neuseelands. In gemäßigten Zonen gedeihen dank mildem Klima, viel Niederschlag und fruchtbaren Böden eine Fülle von Pflanzen- und Tierarten. Die Gebiete machen nur etwa 7 % der Landoberfläche aus, und doch leben dort vier Fünftel der Weltbevölkerung.

SUBARKTISCHES KLIMA

Nordalaska hat ein arktisches oder subarktisches Klima. Das Nordpolarmeer ist fast das ganze Jahr über zugefroren. Höhenlagen liegen ganzjährig unter einer Eis- und Schneedecke, während im Tiefland Permafrostboden vorherrscht. Die Winter sind lang und streng.

Dieses Klima ist der nördlichen Hemisphäre eigen, wo die größten Kontinente der Erde bis an die Arktis reichen. Das subarktische Klima zeichnet sich durch lange, sehr kalte Winter und kurze, warme Sommer aus und kennt die extremsten jahreszeitlichen Temperaturschwankungen des Planeten: Im Winter können die Temperaturen unter –40 °C fallen und in den kurzen, heißen Sommern 30 °C überschreiten. Sechs bis sieben Monate in Folge liegt das Temperaturmittel unterhalb des Gefrierpunkts und lässt alle Feuchtigkeit im Boden und Unterboden bis in viele Meter Tiefe gefrieren. Die frostfreie Jahreszeit ist nur sehr kurz, und die Wärme des Sommers reicht gerade, um den Boden bis in eine Tiefe von ein paar Metern aufzutauen, sodass unter weiten Landstrichen Dauerfrost vorherrscht. Die Vegetation in der subarktischen Klimazone besteht fast gänzlich aus Nadelbäumen, die extremer Kälte und Schnee widerstehen.

POLARKLIMA

Das strengste Klima der Erde tritt in den Eiswüsten jenseits der Polarkreise auf, wo es das ganze Jahr über bitterkalt ist. Dort herrschen die niedrigsten Temperaturen des Erdballs: Der Kälterekord liegt bei –89,2 °C, gemessen im Juli 1983 bei der russischen Forschungsstation Wostok in der Antarktis. Über lange Zeiträume sind Polarhochs bestimmend, während Tiefdruckgebiete das ganze Jahr über Perioden mit Schneefall, heftigen Winden und Schneestürmen bringen. Die Antarktis ist eine nahezu völlig von Eis und Schnee bedeckte, riesige Landmasse am Südpol, umgeben von einem Ozean, der selbst im Sommer von Treibeis bedeckt wird. Es herrscht ein so strenges Klima, dass sich der Mensch dort nie dauerhaft niedergelassen hat.

In den Sommermonaten beleben sich die Polargebiete mit Zugvögeln, und zahlreiche Kleinpflanzen und Millionen Insekten durchlaufen ihren kurzen Lebenszyklus. Zu den ganzjährigen Bewohnern der Antarktis zählen Robben, Seelöwen und Pinguine, in der Arktis sind es Robben und Eisbären. Eine Landwirtschaft fehlt, dafür werden im Sommer nach dem Eisrückgang hohe Fangquoten in den Fischgründen erzielt.

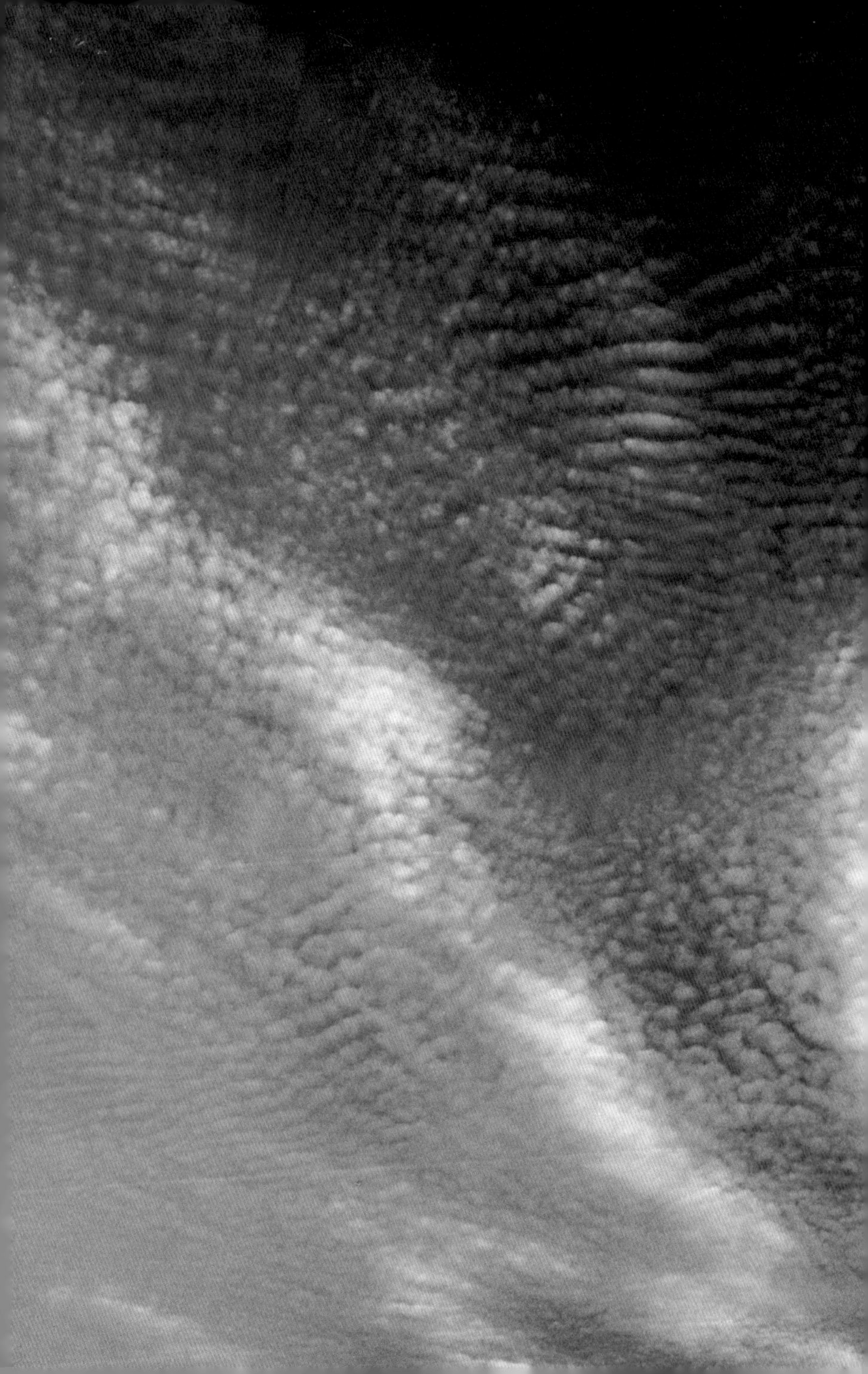

Die Atmosphäre: globale Muster

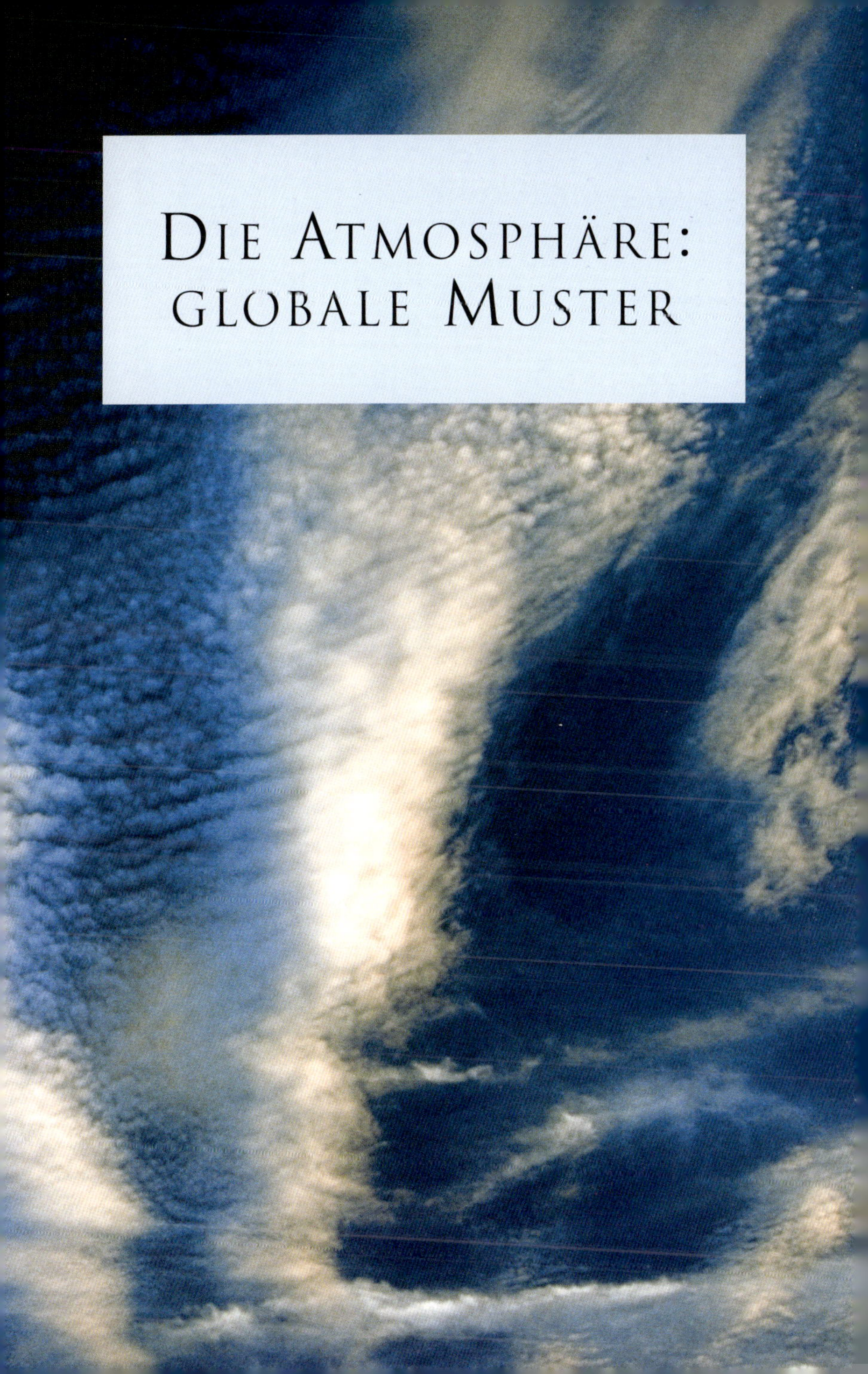

DIE URSACHEN VON WETTER

Auch Aspekte lokaler Topografie wie Täler und Küsten wirken sich auf die örtliche Witterung aus: So treten Nebel in Flusstälern häufiger auf, und in Küstenregionen sind die Sommer meist kühler und windiger und die Winter milder als im Landesinneren. Überdies gibt es die vom Menschen verursachten (anthropogenen) Faktoren. Mit dem Medieninteresse am Klimawandel hat sich auch unser Bewusstsein dafür geschärft, wie sich menschliches Verhalten auf Wetter und Klima auswirken kann.

Das Wetter wird durch ein komplexes Bündel zusammenwirkender Faktoren verursacht. Einige davon betreffen alle Bereiche unseres Planeten während einer bestimmten Zeitperiode. Dazu zählt etwa die Einwirkung der Sonnenstrahlung, bestimmt durch die Sonnenenergie und die Neigung der Erdachse im Verhältnis zur Sonne – anders gesagt, die Jahreszeiten. Weitere globale Makrofaktoren sind der Gehalt von Wasserdampf und anderen Gasen in der Atmosphäre, die sich auf die globalen Temperaturen auswirken. Weiterhin spielen Hoch- und Tiefdruckgebiete sowie permanente oder periodisch auftretende große Meeresströmungen eine wichtige Rolle für das Entstehen einer bestimmten Wetterlage oder eines Klimas. Andere Faktoren betreffen nur kleine Bereiche. Dazu gehören die Höhe, denn mit zunehmender Höhe wird es kälter und feuchter, lokale Winde und die Lage in einer städtischen oder ländlichen Region.

DIE SONNE

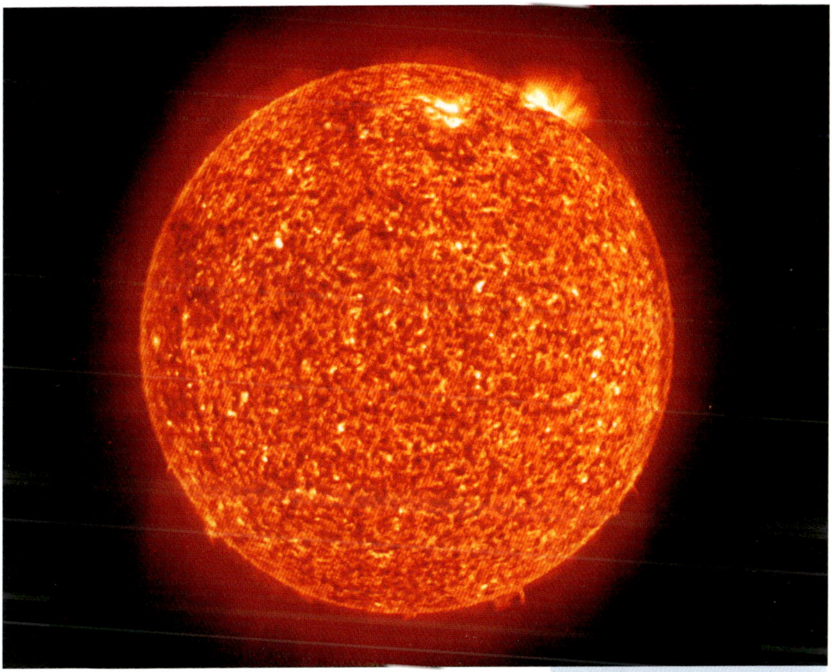

Die Sonne liefert die Energie, die die Wettersysteme unseres Planeten antreibt. Ihre Energie stammt von thermonuklearen Reaktionen in ihrem Inneren. Etwa 46% der Sonnenenergie besteht aus sichtbarem Licht. Ein vergleichbarer Anteil entfällt auf Infrarotstrahlung, also Wärme. Der Rest ist die Ultraviolettstrahlung, die Sonnenbrand verursachen kann. Zusätzlich setzen periodisch auftretende Sonneneruptionen wie Protuberanzen und Flares deutlich mehr Energie frei. Man vermutet, dass sie zeitweise erheblichen Einfluss auf unser Wetter nehmen. Die Oberfläche der Sonne, die Fotosphäre, ist mit etwa 5500 °C kühl im Vergleich zu den 15 Millionen °C im Sonnenkern.

Die Sonne ist ein riesiger Ball aus Wasserstoffgas, das durch die extremen Temperaturen der Kernfusion in Ihrem Inneren zu Plasma ionisiert wird. Auslöser dafür ist der gewaltige Druck, der durch die Sonnenmasse entsteht. Je aktiver die Sonne ist, desto mehr Plasma stößt sie an der Oberfläche ab, wobei das Aktivitätsniveau etwa alle elf Jahre einen Höhepunkt erreicht. Trotz der großen Entfernung von 150 Millionen km spendet die Sonne der Erde lebensnotwendige Licht- und Wärmeenergie.

DIE JAHRESZEITEN

Jahreszeiten sind auf die geneigte Erdachse zurückzuführen, die ihren Neigungswinkel auf der Bahn um die Sonne beibehält. Für einen Teil des Jahres ist die Nordhalbkugel der Sonne zugeneigt, wo es zu langen warmen Sommertagen kommt. Gleichzeitig ist die Südhalbkugel weiter von der Sonne entfernt und erlebt deshalb kurze, kalte Wintertage.

Auf ihrem Weg um die Sonne empfängt die Erde unterschiedlich viel Sonnenlicht, was sich auf den Temperaturverlauf auswirkt. Die Erde braucht für eine Drehung um ihre eigene Achse 24 Stunden oder einen Tag und eine Nacht. Für einen Sonnenumlauf benötigt sie genau 365,25 Tage. Durch die Neigung der Erdachse um 23,5° empfangen Nord- und Südhalbkugel im Lauf des Jahres unterschiedlich viel Sonnenlicht. Am Äquator differiert die Sonneneinstrahlung dagegen kaum, und somit verändern sich Tageslängen und Temperaturen im Jahresverlauf wenig. Deshalb gibt es dort auch keine ausgeprägten Jahreszeiten. Während des Umlaufs neigen sich Nord- und Südhalbkugel aufgrund der geneigten Erdachse der Sonne zu und dann wieder weg, sodass diese höher oder niedriger am Himmel steht, länger oder kürzer scheint und ihre Strahlen steiler oder schräger auf die Erde auftreffen.

SONNENWENDE

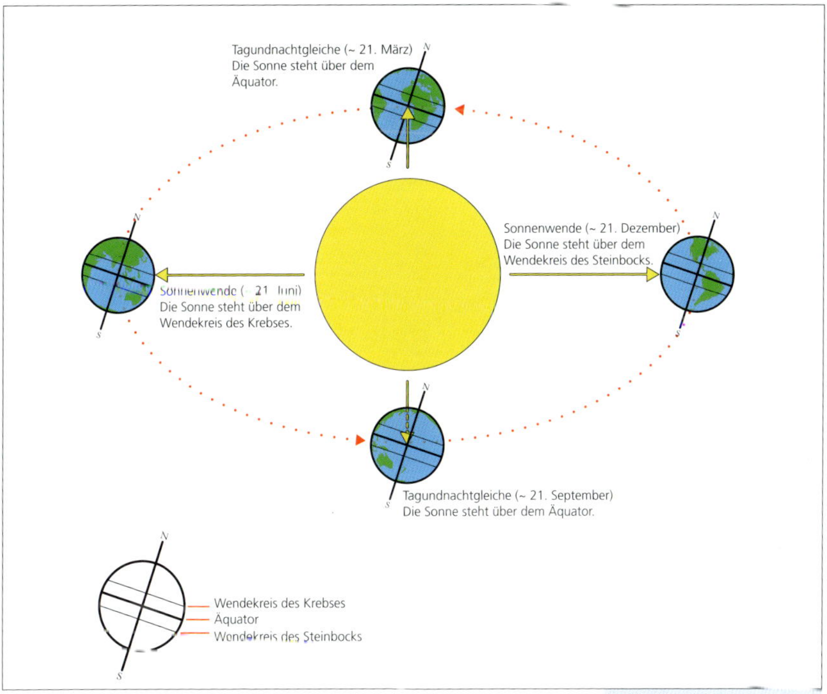

Der längste Tag des Jahres, die Sommersonnenwende, ist auf der nördlichen Hemisphäre der 21. Juni. Zeitgleich kommt es in der Südhemisphäre zur Wintersonnenwende oder dem kürzesten Tag des Jahres. Aus diesen periodisch auftretenden Schwankungen der Sonneneinstrahlung und damit auch der Temperaturen ergeben sich die Jahreszeiten. In den Polar- und gemäßigten Regionen wird das astronomische Jahr durch die Sonnenwenden und Tagundnachtgleichen in vier gleiche Teile unterteilt. Die Sonnenwenden, bei denen die Sonne ihre größte nördliche oder südliche Deklination erreicht, entsprechen dem längsten und dem kürzesten Tag des Jahres. Zur Frühlings- und Herbst-Tagundnachtgleiche, wenn die Sonne den Himmelsäquator überquert, sind Tag und Nacht hingegen exakt gleich lang. In beiden Hemisphären herrschen jeweils entgegengesetzte Jahreszeiten.

Astronomisch gesehen, werden die vier Jahreszeiten durch Frühlings- und Herbst Tagundnachtgleiche sowie Sommer- und Wintersonnenwende gegeneinander abgegrenzt, wobei jede von ihnen das Ende einer Jahreszeit und zugleich den Beginn der folgenden bezeichnet. Die meteorologischen Jahreszeiten setzen aber rund drei Wochen früher ein.

DIE ERDE ALS KREISLAUF

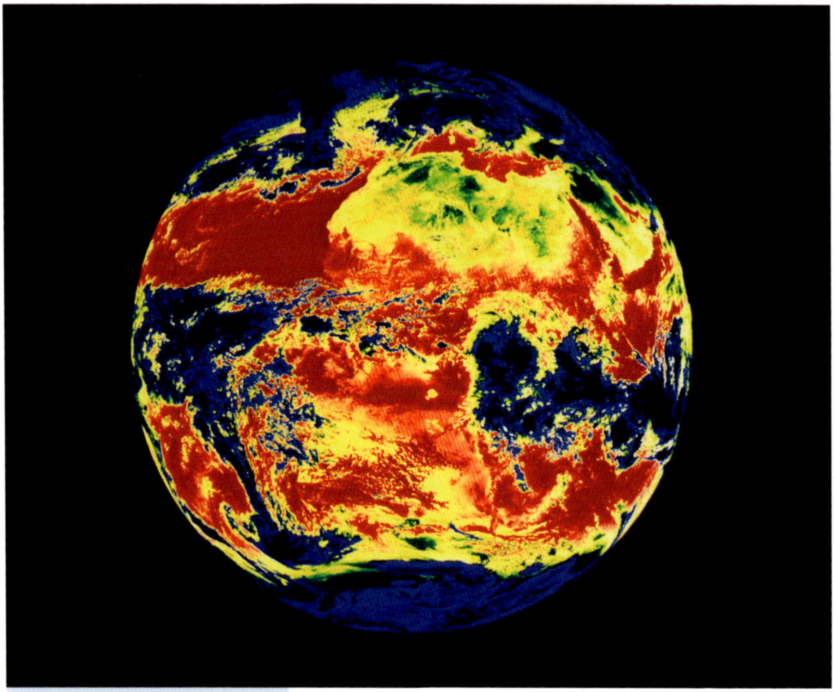

Farbkodierte Infrarotansicht der Erde, erstellt von einem Meteosat-Wettersatelliten. Die Farben repräsentieren die Temperaturen von sehr kalt (blau) bis sehr warm (rot). Die Oberseiten großer Wolkenbänke erscheinen als blaue Flecken. Tiefere und damit wärmere Wolken sind gelb und rosa dargestellt und treten besonders in der Bildmitte auf. Die roten Bereiche sind im Allgemeinen durch Lücken in der Wolkendecke erkennbare Meere und Ozeane. Landflächen wie die Sahara und Nordafrika (gelb/grün, oben Mitte) sind infolge von Wärmeabstrahlung nachts meist kühler als die Meere.

Die Erde ist ein System, in dem mehrere Komponenten zusammenwirken: Atmosphäre (Luft), Lithosphäre (Land), Kryosphäre (Eis und Schnee), Biosphäre (Pflanzen und Tiere) und Hydrosphäre (Wasser). Anfang und Ende des Systems bilden die Zufuhr von Sonnenenergie und der Energieabfluss in den Weltraum, sodass die Erde nicht überhitzt. Durch diese Energiezufuhr und -abfuhr erwärmt sich der Planet. Sie bildet den „Motor" der Atmosphäre und treibt auch den Wasserkreislauf an. Mit Letzterem meint man die natürliche Bewegung des Wassers, verbunden mit dem Wechsel zwischen flüssigem, festem und gasförmigem Zustand. Einige chemische Elemente wie Kohlendioxid absolvieren ebenfalls einen Kreislauf.

DER ENERGIEKREISLAUF

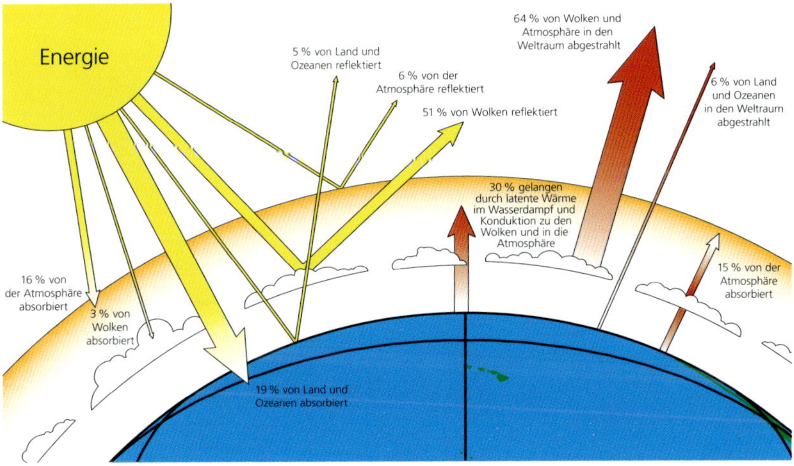

Die Sonne liefert die Energie, die die Atmosphäre antreibt, die Temperaturen beeinflusst und unser Wetter entstehen lässt. Die Sonneneinstrahlung Energie – tritt in die Erdatmosphäre ein. Ein Teil davon gelangt bis zur Erdoberfläche und erwärmt sie. Die aufgeheizte Erde erwärmt ihrerseits die bodennahen Luftschichten. Ein Teil der Energie wird von Gasen in der Atmosphäre absorbiert und reflektiert. Etwas Energie kehrt zurück in den Weltraum, und ein letzter Teil verdunstet Wasser, das dann wieder kondensiert, sich abkühlt und Wolken bildet. Diese wiederum absorbieren und reflektieren weitere Energie. Diese zyklischen Prozesse liegen im Wesentlichen unserem Wetter zugrunde.

Die Sonnenstrahlung gelangt zur Erde und wird teilweise von Atmosphäre und Erdoberfläche absorbiert. Ein anderer Teil der Strahlung wird in den Weltraum zurückgeworfen. Gase wie Kohlendioxid fangen einen Teil der reflektierten Strahlung ein, was die durchschnittliche Oberflächentemperatur ansteigen lässt. Dies bezeichnet man als Treibhauseffekt, denn die Kohlendioxidschicht ist mit den Glaswänden in einem Gewächshaus vergleichbar, die Wärme hereinlassen, aber nicht wieder hinaus.

ATMOSPHÄRE

Die Erdatmosphäre wird in der Wissenschaft anhand von Temperatur, Dichte und chemischer Zusammensetzung in vier Zonen eingeteilt. Die erdnächste Schicht, die Troposphäre, ist zugleich der dichteste Teil der Erdatmosphäre. Die weniger dichte Stratosphäre ist wärmer, weil sie viel Sonnenstrahlung absorbiert; damit stellt sie eine Art Schutzhülle für die Erde dar. Die Mesosphäre ist wieder kühler, während die Temperaturen in der Thermosphäre mit wachsender Sonnennähe massiv ansteigen und etwa 1700 °C erreichen.

Die Atmosphäre, die die Erde umgibt, ist entscheidend für unser Überleben. Sie absorbiert die von uns benötigte Energie, reflektiert den Überschuss zurück in den Weltraum und bildet eine Schutzhülle gegen schädliche Elemente der Strahlung. Die Atmosphäre besteht aus Gasen, Wolken, Staubpartikeln und winzigen flüssigen oder festen Teilchen, den Aerosolen. Die wichtigsten Gase sind Stickstoff und Sauerstoff. Sie gliedert sich in Schichten und hat keine bestimmte äußere Grenze. Der Großteil der atmosphärischen Masse konzentriert sich in einer sehr dünnen Schicht bis in eine Höhe von 100 km. Man könnte die Atmosphäre mit einer Zwiebelschale vergleichen, die die Erde umschließt. In den letzten Jahren haben schädliche Veränderungen in der Gaszusammensetzung der Atmosphäre deutlich zugenommen.

ATMOSPHÄRISCHE SCHICHTEN

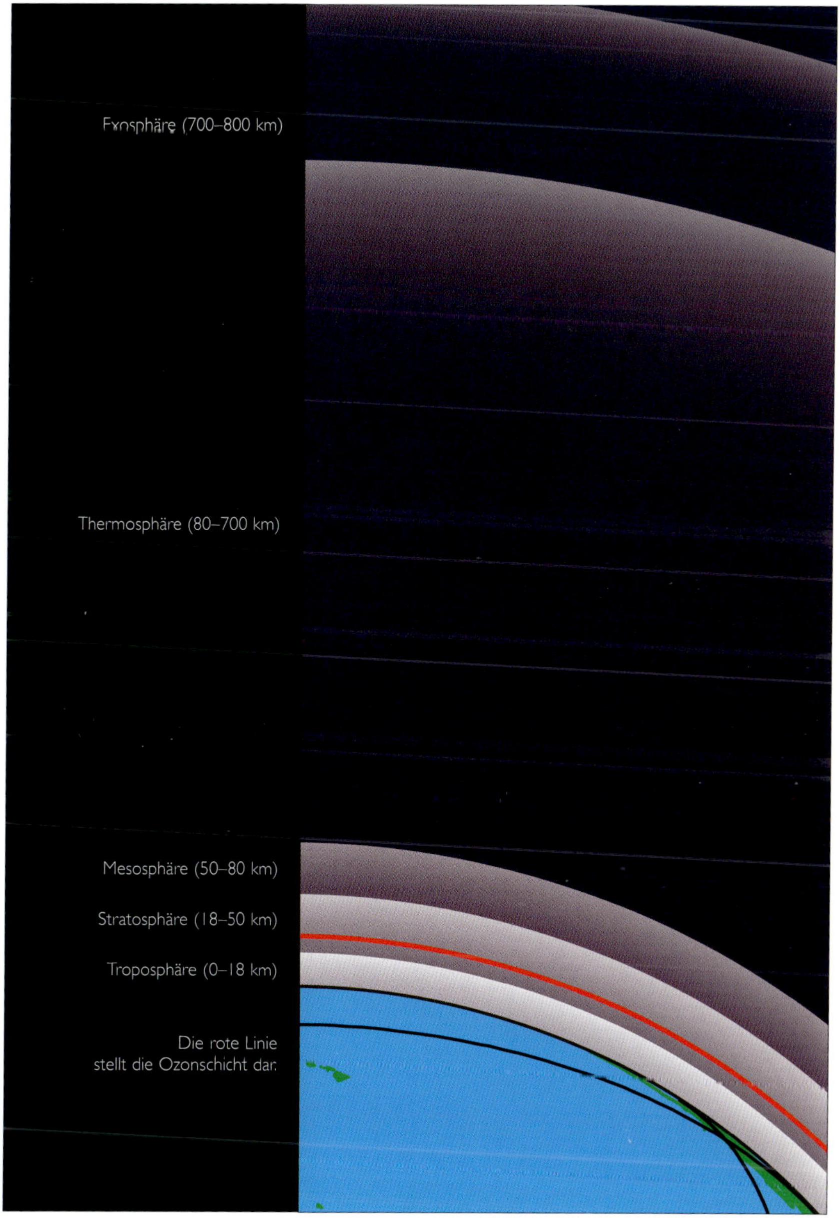

WIND

Theoretisch müssten sich die Winde in Nord-Süd-Richtung bewegen, werden jedoch zu Westwinden abgelenkt. Dies verdankt sich der Coriolis-Kraft, die durch die Erdrotation auf bewegte Körper einwirkt. Oberhalb der Zellen und etwas abgesetzt von ihnen wehen die Jetstreams.

Durch die ungleichmäßige Erwärmung der Erdoberfläche entstehen variierende bandförmige Luftströme, die unterschiedliches Wetter hervorrufen. Zwischen den Wendekreisen ist die Wärme von relativ gleichmäßiger Intensität und sorgt für mächtige Konvektionsströmungen in der Luft. Am Äquator steigt Warmluft auf, sodass am Boden ein Tief entsteht. Die aufsteigende Luft fließt polwärts ab, steigt nach Erreichen der Troposphäre nicht weiter auf, kühlt ab und sinkt bei etwa 30° nördlicher und südlicher Breite wieder hinab. Die aufgestiegene Luft wird durch Luft ersetzt, die von etwa 30° nördlicher und südlicher Breite nachströmt. Dieses Zirkulationssystem wird als Hadley-Zelle bezeichnet. Die Zellen sind verantwortlich für die Passatwinde und transportieren Warmluft vom Äquator weg. Die windarmen Gebiete am Äquator werden Kalmengürtel genannt. In den mittleren Breiten tritt das Phänomen der Ferrel-Zellen auf, die in einer Zirkulationsbewegung Kaltluft in Richtung Äquator transportieren.

DER CORIOLIS-EFFEKT

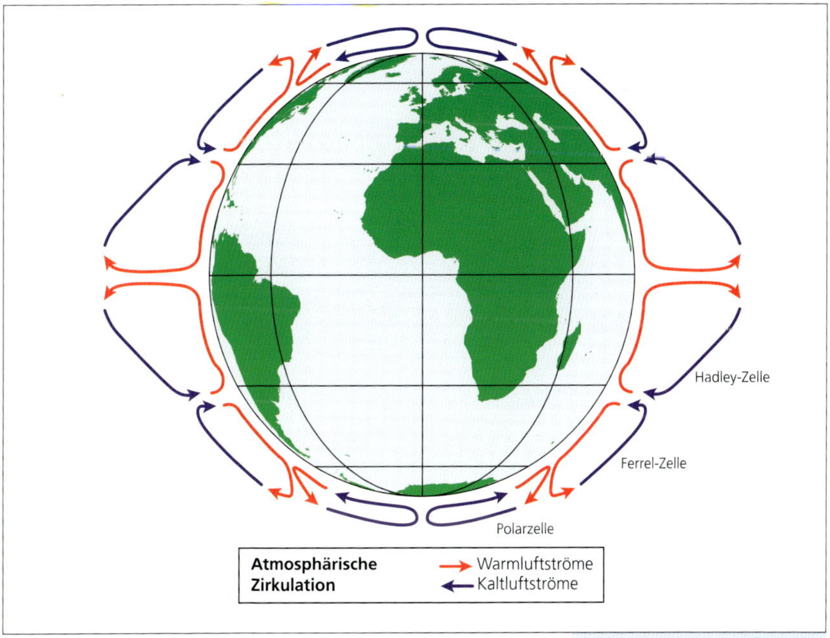

Der Coriolis-Effekt wird von der Erdrotation verursacht, die Luft- und Wassermassen auf der Nordhalbkugel nach rechts und auf der Südhalbkugel nach links ablenkt. In der Folge rotieren die Luftwirbel eines nordhemisphärischen Tiefdruckgebiets gegen den Uhrzeigersinn, auf der Südhemisphäre dagegen im Uhrzeigersinn. Wäre die Erdoberfläche glatt, gleichförmig und unbewegt, dann liefe die atmosphärische Zirkulation sehr einfach ab. Die ungleichmäßige Erwärmung ist treibende Kraft hinter den atmosphärischen Zirkulationen unseres Planeten und verantwortlich für das Entstehen von Hadley-, Ferrel- und Polarzellen.

Die Hadley-Zelle ist ein einfaches Zirkulationssystem, das die tropische Atmosphäre bestimmt und in Zusammenhang mit Passatwinden, tropischen Regengürteln, subtropischen Wüsten und Jetstreams steht. Die Ferrel-Zelle ist dagegen ein Zirkulationssystem der mittleren Breiten und sorgt zwischen dem 30. und 60. Breitengrad für Westwinde, während die Polarzellen zwischen 60° und den Polen meist schwache, unbeständige Ostwinde bewirken.

DER JETSTREAM

Jetstreamwolken über Nordwestlibyen. Bei Jetstreams oder Strahlströmen handelt es sich um Luftströme, die sich in 7 bis 14 km Höhe über einige Tausend Kilometer erstrecken. Sie reißen die sich in großer Höhe bildenden Zirruswolken mit Windgeschwindigkeiten zwischen 120 und 600 km/h mit. Die Jetstreams entstehen als Ergebnis thermischer Effekte im Übergangsbereich zwischen Warm- und Kaltluftmassen.

Hoch oben in der Atmosphäre finden sich große, vertikale Windzellen, die Wärme vom Äquator forttransportieren. Normalerweise sind die Jetstreams oder Strahlströme stabil, gelegentlich aber lösen sie sich auf, formieren sich neu und können dann extremes Wettergeschehen wie Dürre oder Überschwemmungen auslösen. Unter solchen Umständen wird angenommen, dass Jetstreams die Tiefdruckgebiete nach Norden abgelenkt hatten. Die Lufttemperatur nimmt polwärts ab, wobei sich die Windgeschwindigkeiten in den höheren Luftschichten proportional zur Temperaturveränderung verhalten. Am extremsten ist dies dort der Fall, wo polare und subtropische Luftmassen aufeinandertreffen – an der Polarfront – und wo äquatoriale auf subtropische Luft trifft. In diesen Bereichen wehen heftige Jetstreams mit hohen Geschwindigkeiten von 250 bis 360 km/h und erreichen manchmal sogar über 600 km/h.

LUFTMASSEN

Die Provinz Nord-Kap in Südafrika. Im Sommer unterliegt ein Großteil des südlichen Afrika dem Einfluss maritimer tropischer Luftmassen, die sich durch hohe Temperaturen, hohe Luftfeuchtigkeit der unteren Schichten und eine stabile Schichtung auszeichnen. Die in Bodennähe feuchtwarme Luft fließt in Richtung Pol ab und bildet dabei gewöhnlich Stratus- oder Schichtwolken.

Da sich die Erde nicht gleichmäßig erhitzt, werden einige Bereiche der Atmosphäre wärmer als andere. Diese Luftmassen haben oft große Ausdehnungen und erstrecken sich manchmal sogar über ganze Kontinente. Sie weisen mehr oder weniger einheitliche Temperatur-, Druck- und Feuchtewerte auf und befinden sich zwangsläufig in Bewegung, da die Warmluft aufsteigt und durch kältere Luft ersetzt wird. Eine Luftmasse wird als kontinental (trocken) oder maritim (feucht) bezeichnet, je nachdem, ob sie über dem Festland oder über Ozeanen entstanden ist. Je nach der geografischen Breite ihrer Entstehung gilt sie als polare (kalte) oder tropische (warme) Luft. Wo verschieden temperierte Luftmassen aufeinandertreffen, bilden sich Fronten, die auf Wetterkarten als Linien dargestellt werden. Zyklone oder Tiefdruckgebiete sind typischerweise die Folge.

LUFTDRUCK

Die Isobarenkarte von Europa (grün) zeigt ein Tief über dem Ärmelkanal, umgeben von mehreren Hochdruckgebieten. Die Linien, die Isobaren, stehen für Orte gleichen Luftdrucks. In dem Tief mit den eng beieinanderstehenden Isobaren fällt der Luftdruck zur Mitte hin ab. In den Hochdruckgebieten nimmt er dagegen zur Mitte hin zu; die einzelnen Isobaren sind dort weiter voneinander entfernt. Ein Hoch bringt beständige trockene Witterung bei wenig Wind. Isobarenkarten werden für genaue Wettervorhersagen benötigt.

Unter dem atmosphärischen oder Luftdruck versteht man den Druck der Luft auf die Erdoberfläche. Gemessen wird er mit einem Barometer und meist in Hektopascal angegeben. Der barometrische Druck wird lokal und global aufgezeichnet. Verbindet man auf einer Karte die Orte gleichen Luftdrucks durch Linien, die Isobaren, ergibt sich ein komplexes Muster. Hoch- und Tiefdruckgebiete treten in starker Ausprägung hervor und erscheinen als klar konturierte Bänder, die häufig entlang der Breitengrade liegen. Steigt erwärmte Luft auf, so sinkt der auf den Boden ausgeübte Druck. Allerdings ist Höhenluft kühler als bodennahe Luft – sie sinkt ab, und der Druck auf die Erdoberfläche nimmt zu.

HOCH- UND TIEFDRUCKGEBIETE

Satellitenbild eines Tiefs vor der Südküste Australiens. Landflächen erscheinen braun, Wasserflächen dunkelblau und Wolken weiß. Ein solches Tiefsystem entsteht, wenn die Luft durch das Druckgefälle zwischen Zentrum und Umgebung sowie den Coriolis-Effekt in Zirkulation gerät. Die dabei entstehende Wolkenspirale, wie man sie hier in der Mitte sieht, rotiert auf der Südhalbkugel im Uhrzeigersinn.

Luft strömt stets aus einem Hoch- in ein Tiefdruckgebiet. Man stelle sich z. B. einen Luftballon vor. Die von der Gummihaut eingeengte Luft steht unter großem Druck. Öffnet man den Knoten, entweicht die Luft aus dem Ballon und strömt in Richtung der Niedrigdruckbereiche. Dieser Luftstrom entspricht der Windbewegung. Hoch- und Tiefdruckgebiete werden mit bestimmten Wettermerkmalen in Verbindung gebracht. Ein Hoch sorgt für trockenes, windarmes Wetter und kann Dürreperioden oder im Winter Frost verursachen. Ein Tief bringt dagegen bewölktes, windigfeuchtes Wetter. In Gebieten mit extrem niedrigem Druck entwickeln sich tropische Wirbelstürme wie Hurrikan, Zyklon oder Taifun. Aufgrund des engen Zusammenhangs zwischen Luftdruck und Wetter werden die Drucksysteme von Meteorologen genau beobachtet.

HOCH

Die Wolkenspirale oben links über dem Atlantik ist eine Depression oder Zyklone (Tief). Über den Britischen Inseln erstreckt sich eine wolkenfreie Antizyklone (Hoch).

Der Luftdruck ist das Gewicht, mit dem die Luft auf die Erdoberfläche drückt. In einem Hochdruckgebiet sinkt kalte Luft ab und verstärkt den auf den Boden ausgeübten Druck. Wenn die Luft die unteren Atmosphärenbereiche erreicht, erwärmt sie sich; die Luftmoleküle dehnen sich aus, bis sie größer sind als die Wasserdampfmoleküle, und absorbieren diese. Die Luft ist somit trocken, und es kommt nicht zur Wolkenbildung. Dabei herrscht Windstille oder Windarmut, wobei die auftretenden Winde auf der Nordhalbkugel im Uhrzeigersinn und auf der Südhalbkugel in der Gegenrichtung wehen. Ein Hochdruckgebiet wird auch als eine Antizyklone bezeichnet.

HOCHDRUCKGEBIETE

Namaqualand in Südafrika. Bei einem Hoch wehen meist leichte, wechselhafte Winde. Orte in Gebirgsnähe unterliegen in einem relativ kurzen Zeitraum sehr wechselhafter Witterung, denn die Luft muss an den Bergen aufsteigen. Das begünstigt Wolkenbildung und Niederschlag.

Hochdruckgebiete besitzen ausgeprägte Wettercharakteristika. Im Sommer sorgen die typischen leichten Winde oder die Windstille zusammen mit der fehlenden Wolkenbildung für trockenes, sonniges Wetter. So sehr Bauern zur Erntezeit und Urlauber wenig Niederschlag begrüßen – ein beständiges Hoch bedeutet meist auch große Trockenheit und sogar Dürre. Im Winter ist das Wetter im Großen und Ganzen dem Sommer vergleichbar: Es ist trocken und windstill bei klarem Himmel – ideal für einen Waldspaziergang an einem hellen, frischen Wintertag. Durch die fehlende Wolkendecke herrschen vor allem nachts sehr niedrige Temperaturen. Die Wärme, die sich tagsüber entwickelt hat, wird in die Atmosphäre abgestrahlt, ohne von Wolken abgefangen zu werden; damit steigt die Frostwahrscheinlichkeit.

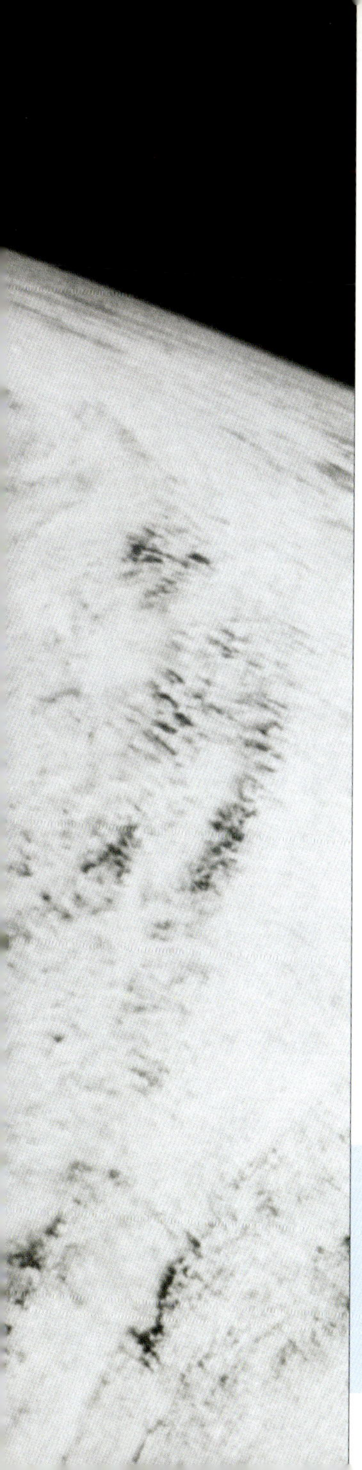

TIEF

Bewölkung, nasskaltes Wetter und Wind sind zwangsläufige Folgen von niedrigem atmosphärischem Druck, wie er ein Tief charakterisiert. Tiefdruckgebiete treten als Frontensysteme in den mittleren Breiten in einem Gürtel rund um den Globus auf und werden auch als Tief, Depression oder Zyklone bezeichnet. Aus dem Weltraum erkennt man das Tief an der unverwechselbaren Wolkenspirale, die Regen und trübes Wetter bringt. In Extremfällen intensiviert sich ein Tief zu einem tropischen Wirbelsturm.

Ein Tief bildet sich dort, wo sich zwei unterschiedlich temperierte Luftmassen treffen. Die imaginäre Schnittlinie, an der sich dies vollzieht, heißt Front und ist an einem Wolkenband erkennbar. Kalte Luft ist dicht und schwer, warme Luft dagegen leicht. Treffen beide aufeinander, steigt die leichte Warmluft über die schwere Kaltluft. Dadurch entsteht ein Tiefdruckgebiet, in das kalte Luft nachströmt; die sich verlagernde Luftmassengrenze ist eine Kaltfront. Die aufsteigende Warmluft sorgt für Wolkenbildung und, wenn die Bedingungen stimmen, für Regen. Beim Aufsteigen der Luft rotieren die Fronten infolge des Coriolis-Effekts aufwärts und nach außen. Die Luftrotation verläuft beim Tief auf der Nordhalbkugel gegen den Uhrzeigersinn, auf der Südhalbkugel andersherum.

Blick vom Spaceshuttle *Challenger* auf Sturmwolken. Die Fotografie zeigt eine zyklonale Störung, die von einem Tiefdruckgebiet begleitet wird; früher wurde ein solches Tief auch als Mittelbreitenzyklone bezeichnet. Bei starkem Druckabfall im Tiefkern kann es zu einem heftigen Sturm mit hohen Windgeschwindigkeiten kommen. Das Zentrum des Systems ist in der Mitte oben, direkt unter dem Erdrand, als Wolkenspirale zu erkennen.

WAS GESCHIEHT BEI EINEM TIEF?

Eine Zyklone ist ein Luftwirbel, bei dem die Winde nach innen in Richtung Auge rotieren. Das Auge ist eine relativ windstille, wolkenfreie Niedrigdruckzone im Zentrum der Wolkenspirale. Um das Auge herum wehen die stärksten Winde.

Ein Tief oder eine Zyklone entsteht, wenn eine kalte Luftmasse auf eine warme Luftmasse trifft. Dieser typische Wettervorgang der mittleren Breiten ist für einen Großteil des Jahresniederschlags in diesen Regionen verantwortlich. Er bringt sehr nasses und windiges Wetter. Ein Tief braucht im Allgemeinen etwa 48 Stunden, um sich zu bilden, zu reifen und zu altern – um sich später erneut zu bilden. Diesen Prozess nennt man Zyklogenese. Das für ein Tief charakteristische Wetter variiert je nach beteiligten Luftmassen, weist aber dennoch einige gemeinsame, immer auftauchende Merkmale auf. Zyklonen entstehen durch großräumige Verdunstung und Konvektion infolge hoher Meerestemperaturen.

TIEFDRUCKGEBIETE

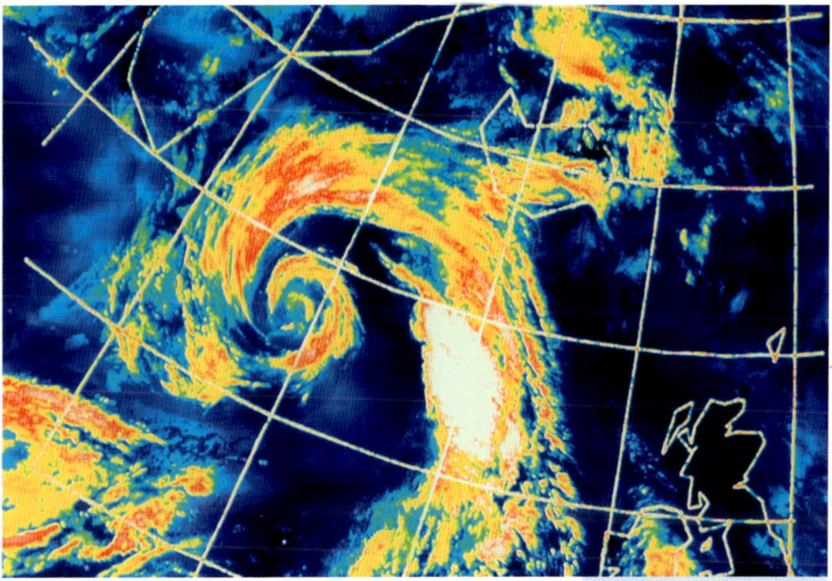

Farbiges Satellitenbild einer Tiefdruckfront über dem Nordatlantik. Das Frontensystem ist in der Mitte als Wolkenspirale zu erkennen. Niedrige Wolken sind gelb und rot, hohe Wolken weiß dargestellt. Die Linien der Längen- und Breitengrade wurden wie auch die Küstenlinien nachträglich auf das Bild aufgelegt. Unten rechts erkennt man Großbritannien, am oberen Rand Island und Grönland. In einem Tiefdruckgebiet nimmt der Luftdruck zur Mitte der Wolkenspirale hin ab.

Naht die Warmfront, fällt der Luftdruck allmählich, die Temperaturen bleiben stabil, die Windgeschwindigkeit steigt. Der Himmel zieht sich immer mehr zu, und die Sicht nimmt ab, während Zirruswolken erst durch Altostratus-, dann durch Nimbostratuswolken ersetzt werden. Beim Durchzug der Warmfront dreht der Wind, Temperatur und Luftfeuchtigkeit steigen merklich an, und der zuvor starke Dauerregen lässt nach oder hört sogar auf. Der Bereich hinter der Warmfront und vor der Kaltfront wird nun Warmsektor genannt. Nähert sich eine Kaltfront, fällt der Luftdruck leicht, und die Windgeschwindigkeit nimmt zu, während die Temperaturen merklich sinken. Niedrige Stratus- und Altostratuswolken behindern die Sicht und bringen beim Durchzug der Kaltfront leichten Regen, Hagel oder Gewitter. Danach steigt allmählich der Luftdruck wieder; der Wind dreht und lässt nach. Die Temperaturen bleiben weiterhin niedrig, doch die Sicht verbessert sich, und Schauerwolken ersetzen die niedrige, schwere Wolkendecke. Der Wechsel von hellen Intervallen und Regenschauern bestimmt jetzt das Wettergeschehen.

FRONTEN

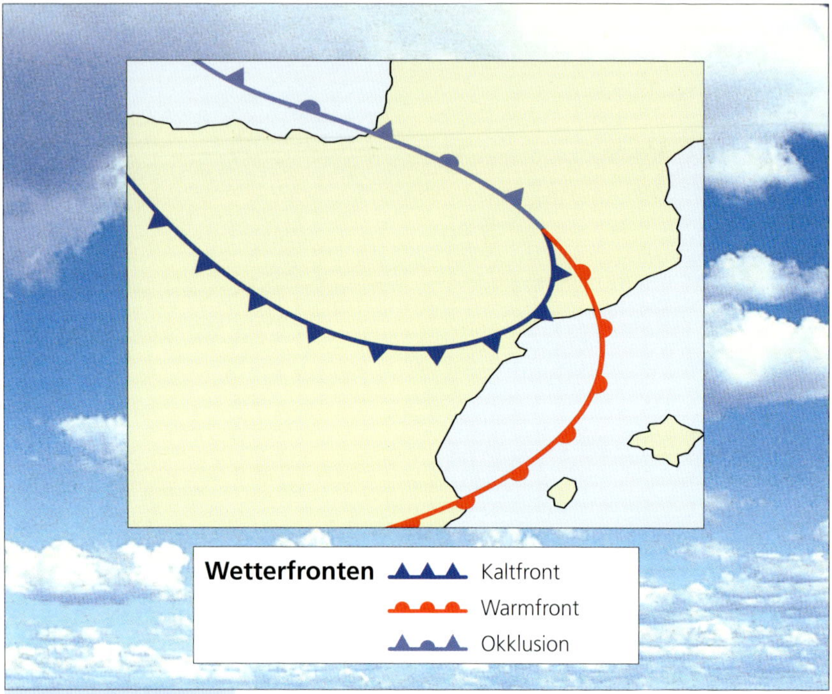

Diagramm mit den Symbolen für Kaltfront, Warmfront und Okklusion. Halbkreise stehen für eine Warmfront, Dreiecke für eine Kaltfront und eine Kombination aus Halbkreisen und Dreiecken für eine Okklusion, bei der es sich um eine Vereinigung kalter und warmer Luftmassen handelt.

Eine Front ist die Linie, an der eine kalte Luftmasse auf eine Warmluftmasse trifft. Auf einer Wetterkarte – die ja eigentlich ein synoptisches Diagramm ist – erscheint sie als durchgezogene Linie, als die sie in Wirklichkeit natürlich nicht auftritt. Fronten sind ein wichtiges Element von Tiefdruckgebieten. Man unterscheidet drei verschiedene Arten von Fronten: Kaltfront, Warmfront und Okklusion. Sie alle werden in der Meteorologie als durchgezogene Linien angezeigt und mithilfe spezieller Symbole gekennzeichnet. Je nach Situation kann es drei verschiedene Fronten innerhalb eines Tiefdruckgebiets geben. Auf der Nordhalbkugel ziehen Tiefdruckgebiete nach ihrem Entstehen ostwärts und werden von den Rossby-Wellen verwirbelt.

FRONTTYPEN

Eine vorrückende regenlose Böenfront. Das dunkle Wolkenband ist typisch für eine Kaltfront und markiert die Grenze zwischen zwei verschieden temperierten Luftmassen. Beim Durchzug der Böenfront nimmt die Windgeschwindigkeit schlagartig zu.

An einer Kaltfront schiebt sich dichte Kaltluft unter warme Luft und zwingt diese zum Aufsteigen. Dabei kühlt sich die Warmluft ab, der Wasserdampf in der Luft kondensiert, bildet Wolken, und es kommt zu Regen, manchmal auch zu Gewittern. An einer Warmfront steigt Warmluft an einer dichteren, kälteren Luftmasse auf. In der Folge entstehen dichte Wolken, die allmählich absinken und trübes, nasskaltes Wetter bringen. Zu einer Okklusion kommt es, wenn eine kalte Luftmasse eine langsamer wandernde Warmluftmasse einholt. Innerhalb von etwa 48 Stunden unterströmt die dichte, kalte Luft hinter der Front die Warmluft und zwingt sie in die Höhe. Die Auswirkungen der Warmfront machen sich im Wetter nicht bemerkbar, und es kommt, wenn überhaupt, nur zu leichten Niederschlägen.

SEEWIND UND LANDWIND

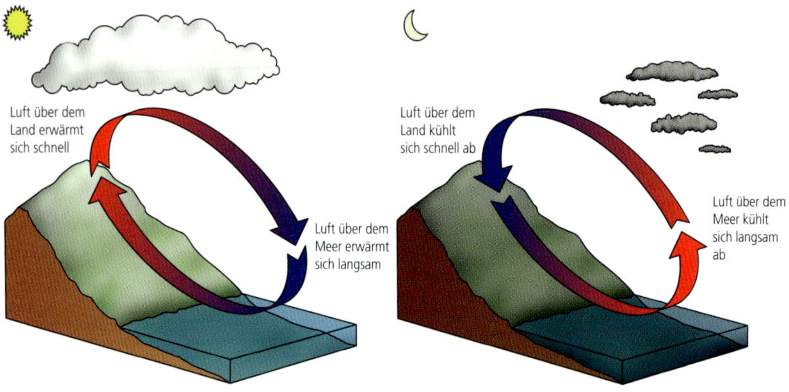

Tagsüber erwärmt sich das Land stärker, und der Wind weht vom Meer. Nachts jedoch speichert das Meer Wärme länger, und der Wind dreht.

Jeder Surffan weiß, dass in Küstengebieten die Winde morgens und abends umschlagen. Ursache dafür ist die tägliche Erwärmung und Abkühlung der Erde. Die von der erwärmten Erdoberfläche aufgeheizte Luft steigt auf, und es bilden sich Thermiken oder Aufwinde. Durch den vertikalen Luftaustausch kommt es zu kräftigen Winden. Über Nacht kühlt sich die Erdoberfläche rasch ab. Es kann zu einer Inversion kommen, bei der die Höhenluft anders als sonst wärmer ist als die bodennahe Luft. Unter der Inversionsschicht treten veränderliche, leichte Winde auf. Bald nach Sonnenaufgang erwärmt sich der Boden, und der Zyklus beginnt von Neuem. Seewinde sind typisch für Küstenregionen. Verursacht werden sie durch die unterschiedlich starke Aufheizung von Land und Wasser und die sich daraus ergebenden Luftbewegungen. Am Tag erwärmt sich das Land schneller als das Meer. Wenn die Luft über dem Land aufsteigt, sinkt dort der Luftdruck, und es strömt kühle Meeresluft nach. Dabei tritt der Seewind auf, der normalerweise am Spätnachmittag seinen Höhepunkt erreicht. Nachts hingegen kühlt sich das Land schneller ab als das Meer. Die Luft über dem Land sinkt ab und strömt meerwärts.

MONSUN

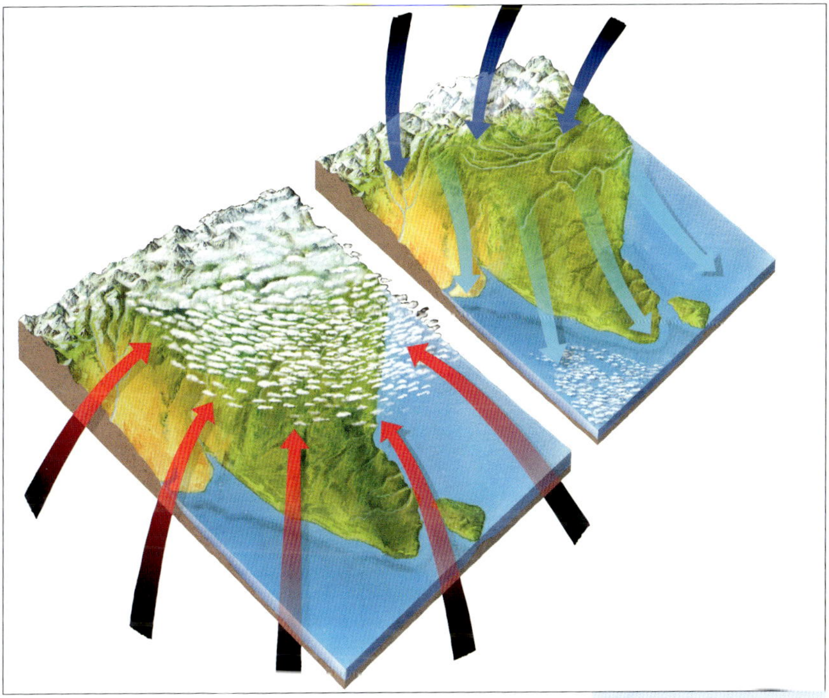

So entstehen die Monsunwinde in Südasien: Im Sommer (links) erwärmt sich das Land schneller als das Meer. Durch die aufsteigende Warmluft bildet sich ein ausgedehntes Tief. Dieses saugt mit konstanten Südwestwinden kühle, feuchte Meeresluft an. Trifft die feuchte Luft auf den Himalaja, bilden sich Wolken und sorgen für starke Regenfälle. Diese sind wichtig für die Landwirtschaft, verursachen aber auch Überschwemmungen. Im Winter (rechts) verhält es sich genau umgekehrt. Das Meer kühlt sich langsamer ab als das Land, sodass ein Tief über dem Ozean entsteht, das mit Nordostwinden kühle Luft aus dem Landesinneren ansaugt. Im nordindischen Cherrapunji beträgt der mittlere Niederschlag im Januar 18 mm und erreicht im Juli einen Spitzenwert von 3272 mm.

Als Monsun bezeichnet man jahreszeitlich wechselnde Luftströmungen in den Tropen, die normalerweise starke Regenfälle mit sich bringen. Besonders heftig treten sie in Regionen wie Indien, Bangladesch und Pakistan auf. Die Land- und Meerwinde großer Ausdehnung entstehen durch jahreszeitlich bedingte Veränderungen der atmosphärischen Drucksysteme.

WASSER

Küstenlandschaft bei Arniston im Südwesten von Südafrika. Meeresströmungen wirken sich erheblich auf das Wetter der küstennahen Regionen aus. Die relativ trockene Luft über kalten Strömungen trägt zum Entstehen von Wüsten an den kontinentalen Westküsten bei. Das Gefälle zwischen kaltem Meer und warmem Land ruft an den Küsten Seewinde hervor.

Fast 90% der gesamten Wasservorkommen unseres Planeten finden sich in Meeren, Flüssen und Seen – in der Hydrosphäre. An zweiter Stelle steht das gefrorene Wasser in Gletschern und Eisschilden – die Kryosphäre. Über 97% der Wasservorkommen der Erde sind Salzwasser; damit verbleiben nur knapp 3% für Süßwasser. Dieses liegt wiederum zu knapp 80% in Form von Eis vor. Das restliche Süßwasser findet sich zu 20% in der Lithosphäre – unterirdisch als Grundwasser – oder aber in der Atmosphäre. Nur 1% der Süßwasservorkommen kommt in Form von Wasserdampf, Bodenfeuchte oder Wasser in Flüssen, Seen und Binnenmeeren vor.

DIE HYDROSPHÄRE

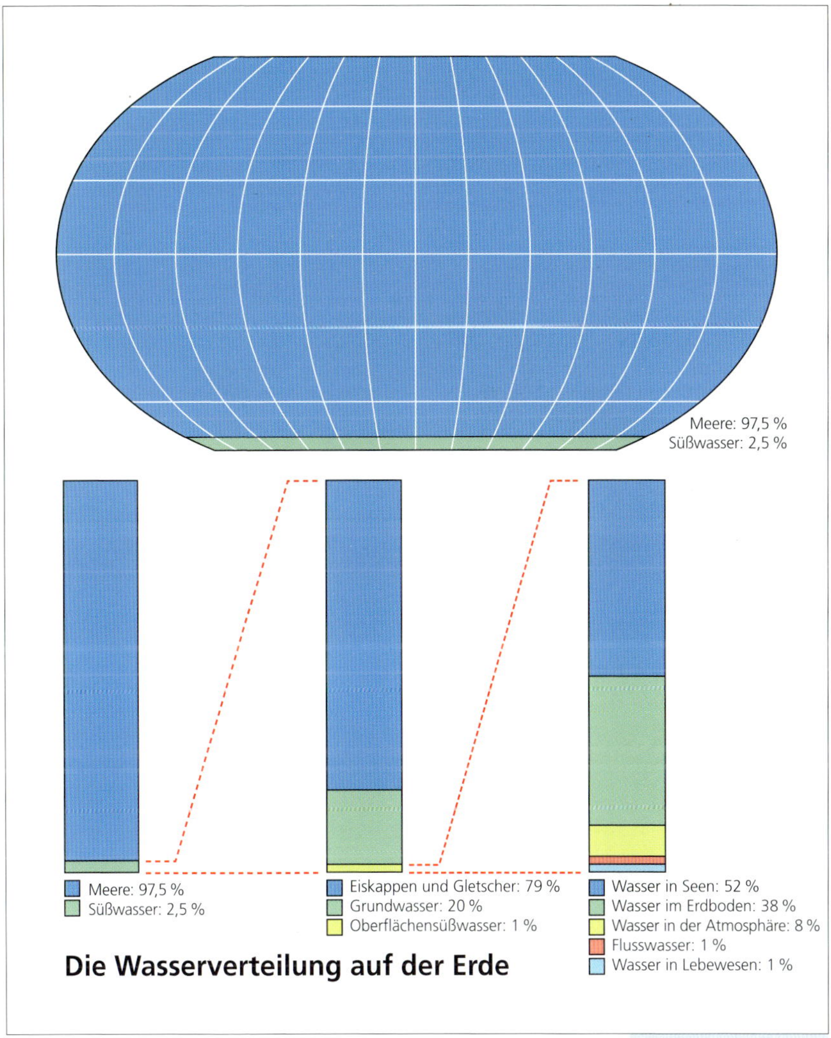

Dem Wasser in den Meeren kommt besondere Bedeutung für das globale Wetter zu, denn die Meeresströmungen übernehmen den Massen- und Wärmeaustausch in dem sogenannten globalen Förderband, das als Weltwettermaschine gilt.

Die Wasserverteilung auf der Erde.

DER WASSERKREISLAUF

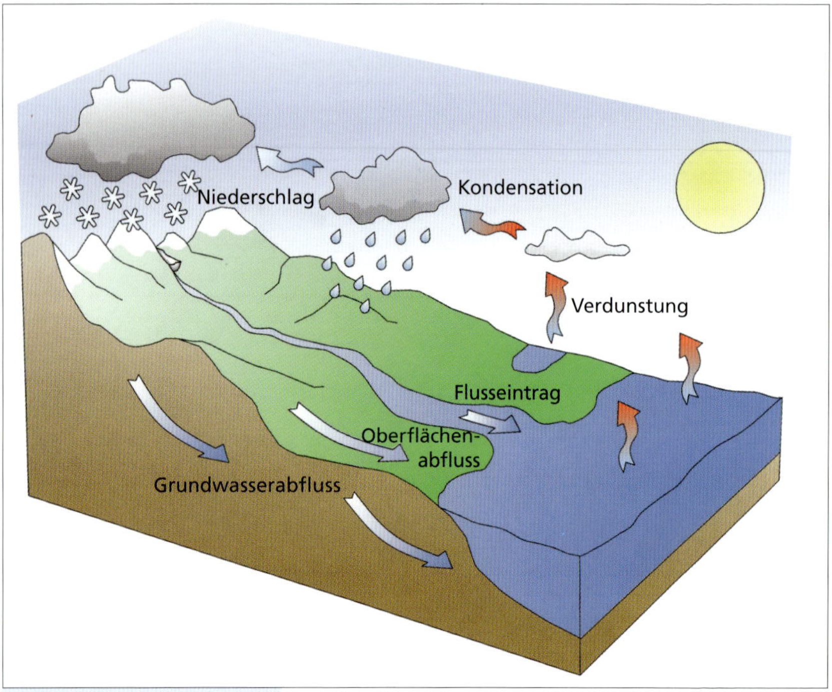

Die Zeichnung gibt eine Übersicht über den Wasserkreislauf. Verschiedene Prozesse sorgen für seine konstante Umverteilung. So verdunstet Wasser im Meer und fällt als Niederschlag zu Boden (Mitte oben, links oben). Durch Verdunstung und pflanzliche Transpiration gelangt das Wasser vom Land erneut in die Atmosphäre (rechts oben). Wasser fließt aber auch als Oberflächenwasser in Form von Flüssen ins Meer (Mitte) oder sickert als Grundwasser durch Erdboden und Gestein (unten).

Die Beziehung zwischen allen Formen von Wasser und die Art, wie es seinen Zustand oder Ort verändert, nennt man den hydrologischen oder Wasserkreislauf. Es gibt ihn, weil die Luft Wasserdampf aufnimmt und wieder abgibt. Der Kreislauf beginnt mit der Verdunstung von Wasser, z. B. an der Meeresoberfläche. Seewinde tragen den entstandenen Wasserdampf in die Höhe. Er kühlt sich ab und erreicht mit dem Taupunkt seinen Sättigungswert. Daraufhin kondensiert der Wasserdampf, bildet Wolken und fällt in Form von Niederschlag zur Erdoberfläche zurück. Nun können mehrere Dinge geschehen.

Burnley-Wasserfälle, Kalifornien, USA. Der gesamte Wasservorrat der Erde wird auf 1,3 Milliarden km^3 geschätzt. Er wird in einem ständig bewegten Wasserkreislauf immer wieder neu verteilt.

Ein Teil der Niederschläge versickert im Gestein, sofern es durchlässig ist, wie etwa Kalkstein, und sammelt sich als Grundwasser in Wasser führenden Schichten. Ein anderer Teil gelangt zum Erdboden und fließt unter Einwirkung der Schwerkraft ab, bis er wieder zum Meer gelangt. Ein weiterer Teil fällt als Schnee und bildet im Lauf der Zeit Gletscher, bis das Eis schmilzt und wieder in den flüssigen Aggregatzustand wechselt. Ein weiterer Teil ist in Flüssen, Seen und Binnenmeeren gespeichert, wo er erneut verdunsten kann. Auch die Vegetation spielt eine Rolle für den Zyklus der Niederschläge: Pflanzen nehmen das für ihr Wachstum benötigte Wasser auf und verdunsten den Überschuss über ihre Blätter. Alternativ fangen sie auf ihren Blättern Wassertropfen auf, die später verdunsten und erneut dem Wasserkreislauf zugeführt werden.

LUFTFEUCHTE

Satellitenkarte zur Verteilung des Wasserdampfs in der Atmosphäre über den Meeren. Der Wasserdampfgehalt ist von sehr gering (hellblau) bis hoch (dunkelblau) dargestellt. Die kleinen gelben Flecken kennzeichnen Gebiete mit hohem Niederschlag. Schnee und Eis erscheinen gelb, Wüsten dunkelgrün und weitere Landflächen schwarz.

Luftfeuchte ist definiert als der Wasserdampfgehalt der Luft. Bei hoher Luftfeuchte sind große Mengen des farblosen Gases Wasserdampf in der Atmosphäre enthalten. In einem solchen Fall, wie er manchmal kurz vor einem Gewitter auftritt, ist die Luft schwül und drückend. An den Polen existiert nahezu keinerlei Luftfeuchtigkeit, während sie in den Tropen 4 Volumenprozent betragen kann. Mit steigender Lufttemperatur verdunsten Wassermoleküle, um teilweise später wieder zu kondensieren. Entsteht ein Gleichgewicht zwischen Verdunstungsrate und Kondensationsrate, ist der Taupunkt erreicht, und die Luft kann keinen weiteren Wasserdampf aufnehmen. In der Folge schlägt sich das Wasser wieder an Oberflächen nieder oder wird in die Atmosphäre abgegeben.

TAU, REIF UND FROST

Tau, der sich auf dem Rasen sammelt, und Reif am Wintermorgen auf der Windschutzscheibe entstehen durch bodennahe, mit Wasserdampf gesättigte Luft. Am Tag erwärmt sich der Boden durch die Sonneneinstrahlung und erhitzt seinerseits die Luft. Nachts kühlt er jedoch rasch ab, besonders bei sternklarem Himmel. Die bodennahe Luft ist deshalb kühler als die Höhenluft – Luft isoliert gut. Im Lauf des Abkühlungsvorgangs erreicht sie mit dem Taupunkt die Sättigungstemperatur, bei der Wasserdampf zu kondensieren beginnt. Liegt der Sättigungspunkt über dem Gefrierpunkt des Wassers (0 °C), entsteht Tau. Liegt er hingegen unter dem Gefrierpunkt, bildet sich Reif. Mit Bodenfrost meinen Meteorologen Frost in unmittelbarer Bodennähe (5 cm), während die Lufttemperatur bei 3 oder 4 °C liegt. Bei Luftfrost beträgt die in 2 m Höhe in einer Wetterhütte gemessene Temperatur 0 °C, obschon die Bodentemperatur über dem Gefrierpunkt liegen kann. Dies ist meist im Herbst der Fall, wenn im Boden noch etwas sommerliche Wärme gespeichert ist.

Man unterscheidet zwischen Reif und Raureif, die beide vor allem im Wald und in den Gärten wunderschöne Winterlandschaften entstehen lassen. Reif bildet sich, wenn sich die Luft abkühlt und Wasser auf Gräsern als Eis ablagert. Voraussetzung dafür ist schwacher Wind, der eine schichtweise anwachsende, feine Kristallstruktur entstehen lässt. Raureif bildet sich hingegen typischerweise bei Nebel und rasch einsetzendem Frost, wenn sich Wassertröpfchen als Nebelfrostablagerungen an Oberflächen absetzen. Raureif ist härter und dichter als Reif.

WOLKENBILDUNG

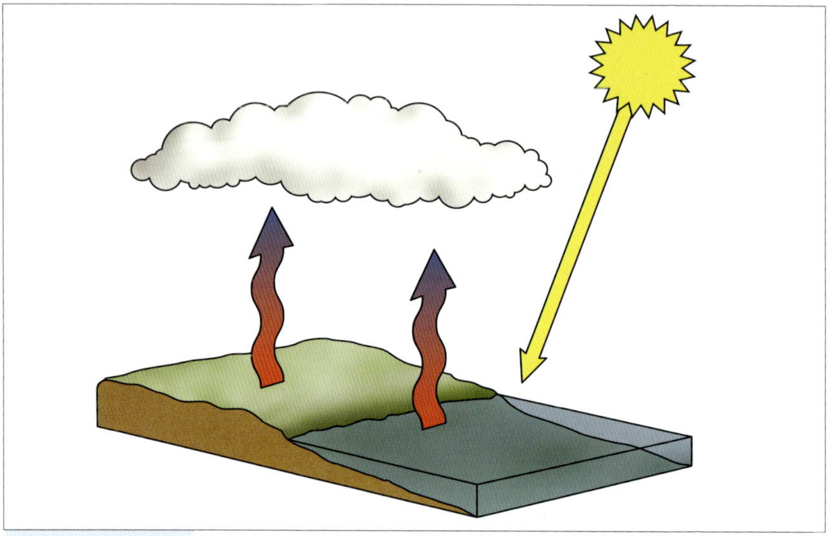

Feuchtwarme Luft steigt auf und kühlt sich in großer Höhe ab, wo der Wasserdampf kondensiert und Wolken bildet.

Eine Wolke ist eine Anhäufung von Wassertröpfchen oder Eiskristallen, die durch ihre große Dichte sichtbar werden. Damit Wasserdampf in gesättigter Luft kondensieren kann, müssen in der Atmosphäre genügend hygroskopische oder Kondensationskerne zum Anlagern vorhanden sein. Wolken entstehen, wenn sich feuchte Luft abkühlt und den Sättigungswert erreicht – den Taupunkt. Nun kondensiert der Luftwasserdampf, und es bilden sich je nach Temperatur Wassertröpfchen oder Eiskristalle. Da in der Höhe die Temperatur abnimmt, bestehen alle hohen Wolken aus Eiskristallen, tiefe dagegen aus Wassertröpfchen. Wolken entstehen durch Konvektion, mechanische oder dynamische Hebung. Bei Konvektion wird Warmluft im Vergleich zur umliegenden Luft zunehmend leichter und steigt auf. Zu einer mechanischen (orografischen) Hebung kommt es, wenn Luft an Berghängen aufsteigt, und bei einer dynamischen Hebung bewegt sich Luft großräumig in ein Tiefdrucksystem hinein oder an einer Front entlang. Wolken bilden sich dort, wo Hebungs-, Abkühlungs- und Kondensationsprozesse stattfinden.

WOLKENTYPEN

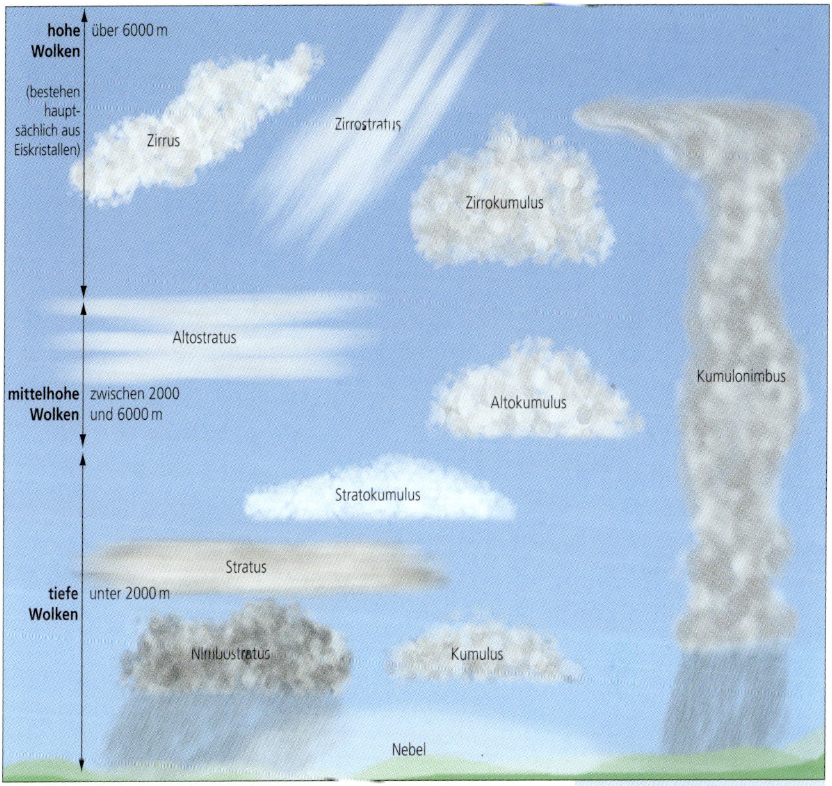

Wolken lassen sich nach Form und Höhe klassifizieren, und die Wolkenbilder werden zum Wolkenatlas zusammengestellt. Die Weltorganisation für Meteorologie unterscheidet zehn Hauptwolkentypen, auch Wolkengattungen genannt, anhand der Höhe, in der sie sich bilden, und anhand ihrer Form oder Gestalt. Danach existieren zwei Grundtypen von Wolken: Einerseits sind dies die Schicht- oder Stratuswolken, die den Himmel gänzlich bedecken und bei stabiler Schichtung der Atmosphäre auftreten, andererseits die sich ballenden Haufen- oder Kumuluswolken.

Zehn Wolkengattungen werden unterschieden:
Zirrus
Zirrostratus
Zirrokumulus
Altostratus
Altokumulus
Kumulonimbus
Stratokumulus
Stratus
Nimbostratus
Kumulus

HOHE WOLKEN

Sie bestehen im Wesentlichen aus Eiskristallen. Ihre Basis liegt bei mindestens 6000 m Höhe.

Zirrus

Er bildet sich ab mindestens 6000 m, an den kalten Polen allerdings schon in geringerer Höhe. Zirrus- oder Federwolken setzen sich aus Eiskristallen zusammen und bilden zarte, feder- oder faserartige Formen.

Zirrostratus

Zirrostrati oder Schleierwolken überziehen den Großteil des Himmels. Sie kündigen normalerweise schlechtes Wetter an und rufen manchmal Haloerscheinungen um Sonne oder Mond hervor.

Zirrokumulus

Die feinen Schäfchenwolken, eine Haufenform der Zirren, sind Eiswolken und treten meist in attraktiven unregelmäßigen Formen auf.

Am Himmel verstreute Zirrus- oder Federwolken. (Im Lateinischen bedeutet *cirrus* Federbüschel oder Franse.) Der Zirrus ist eine zarte Fasern oder Fäden ausbildende Eiswolke in großer Höhe; man verbindet sie mit schönem Wetter.

Zirrus- oder Federwolke. Der Zirrus besteht aus Eiskristallen und bildet sich in großer Höhe. Er erscheint als zarte weiße Fäden, Flecken oder Bänder mit zerfaserten Enden, wie es hier zu sehen ist. Einzelne Zirren sind häufig Vorboten eines herannahenden Sturmes. Spiralförmige Kelvin-Helmholtz-Wolke. Die Korkenzieherform dieser Zirruswolke entsteht, wenn sich Luftschichten in entgegengesetzten Richtungen übereinanderschieben und dabei die Luft dazwischen in Kreisbewegungen bringen. Sie bildet sich in großer Höhe und löst sich rasch wieder auf.

Oben: Stutenschweif-Zirruswolke.

Links oben: Spiralförmige Kelvin-Helmholtz-Wolke.

Links unten: Zirren (oben), Zirrokumuli (Hauptwolkenschicht) und Kumuli (über dem Horizont) über den Himalajaausläufern im Osten Nepals.

MITTELHOHE WOLKEN

Oben: Altokumuli sind meist größer und dunkler als die hohen Zirrokumuli und kleiner als die Stratokumuli im untersten Stockwerk.

Links: Altokumuluswolken werden von der untergehenden Sonne angestrahlt.

Mittelhohe Wolken bilden sich in Höhen von 2000–6000 m.

Altokumulus

Die abgeflachten Wolkenballen der Altokumuli oder groben Schäfchenwolken bestehen aus einem Gemisch aus Eis und unterkühlten Wassertröpfchen. Sie sind weißgrau und häufig das erste Zeichen für ein heraufziehendes Gewitter.

Altostratus

Es handelt es sich um Wolkenschichten von stumpfem Grau, durch die die Sonne kaum noch hindurchdringt. Altostratuswolken sind oft erster Hinweis auf Regenwetter.

Nimbostratus

Nimbostrati oder Regenschichtwolken sind eine dickere, niedrigere Altostratusvariante und verbinden sich stets mit Regenfall oder Schnee. Sie können sehr dunkel wirken.

TIEFE WOLKEN

Oben: Kumulonimbuswolken über einem See. Die großen Gewitterwolken bringen Regen oder Hagel.

Links oben: Kumuli ziehen über den Abendhimmel und erstrecken sich bis zum Horizont. Die flachen Wölkchen reichen nicht weit in die Höhe und werden mit Schönwetter in Zusammenhang gebracht. Kumuluswolken zeichnen sich durch ein watteartiges Erscheinungsbild mit aufquellenden Oberseiten aus.

Links unten: Kumuluswolken in Botsuana.

Bei tiefen Wolken handelt es sich um Wasserwolken mit Basis in etwa 2000 m Höhe.

Stratokumulus

Die Haufenschichtwolken bestehen aus Wasser und sind grau und weiß mit dunkleren Innenbereichen. Sie sind ballen- oder walzenartig.

Stratus

Die grauen Schichtwolken bilden Schichten, die Nieselregen oder Schnee bringen. Sie stehen tief am Himmel und sorgen für Berg- und Küstennebel.

Kumulus

Die Haufenwolken haben ein blumenkohlartig aufquellendes Aussehen. Sie sind an der Basis grau und am Oberrand weiß.

Kumulonimbus

Die ambossförmigen Gewitterwolken können bis 12 km in die Atmosphäre hinaufreichen. In dieser großen Höhe der Atmosphäre sind die Oberseiten der Wolken vereist.

LENTICULARISWOLKEN

Wenn die Luft über vereinzelte Hügel oder Berge streicht, muss sie aufgleiten. Dabei kühlt sich der Wasserdampf in ihr ab, kondensiert beim Erreichen des Taupunkts und bildet Wolken. Diese werden aufgrund ihrer Form Linsen- oder Lenticulariswolken genannt. Meist bilden sie sich quer zur Windrichtung. Manche Berge sind fast permanent von solch einer Wolke verhüllt, z. B. einige Himalaja gipfel oder der Tafelberg bei Kapstadt, der häufig von einer Linsenwolke, von den Einheimischen „Tischtuch“ genannt, verschleiert wird.

Links: Eine Linsenwolke *(Altocumulus lenticularis)* hängt über der Sandstone Bridge in den kalifornischen Alabama Hills. Benannt ist die Linsenwolke nach ihrer glatten, linsenartigen Form. Wenn der Wind über Bergland streicht, lässt er an der windabgewandten Seite der Erhebungen Leewellen entstehen. Schlägt sich die Luftfeuchtigkeit an der Oberseite dieser Wellen nieder, kommt es zur Bildung einer Lenticularis- oder Linsenwolke. Bei regelmäßiger Bergform und konstanter Windgeschwindigkeit ist das Wolkenbild stabil, hat eine regelmäßige Form und bleibt lange Zeit nahezu unverändert am Himmel.

Oben: Immer wieder werden Lenticulariswolken für fliegende Untertassen gehalten.

PERLMUTTERWOLKEN

Perlmutterwolken (weiß) und andere Wolken verfärben sich im Abendrot. Die hohen Eiswolken treten ab etwa 20 km Höhe in der Polarstratosphäre auf und bilden sich nur im Winter, wenn die Temperaturen −80 °C unterschreiten.

Die seltenen Perlmutterwolken bilden sich in großen Höhen ab 20 km in der Stratosphäre. Sie ähneln hohen Zirruswolken und sind nur in der Morgen- oder Abenddämmerung sichtbar, wenn die Sonne ungefähr 5 bis 10° unter dem Horizont steht. Bei diesem Winkel lassen die Sonnenstrahlen die Wolken in herrlichen Perlmuttfarben schimmern. Die Wolken erscheinen unbewegt und bilden sich vermutlich durch eine rasche Lufthebung über einer Bergkette.

LEUCHTENDE NACHTWOLKEN

Blick von der Internationalen Raumstation ISS auf leuchtende Nachtwolken. Diese feinen, wellen- oder bandförmigen Wolken (weiße Streifen in der Bildmitte) bilden sich in 75 bis 90 km Höhe. Durch ihre Zartheit und Höhe lassen sie sich nur nach Sonnenuntergang beobachten, wenn sie von Streulicht erleuchtet werden, und selbst dann nur in hohen oder niedrigen Breiten. Die drei unteren Schichten der Atmosphäre sind die Troposphäre (orange, bis 18 km dick) sowie die Stratosphäre und die Mesosphäre (beide hellblau, je etwa 30 km dick). Darüber geht die Atmosphäre in die Schwärze des Weltalls über.

Die zügig dahineilenden Wolken bilden sich in extrem großer Höhe ab etwa 60 km in der oberen Mesosphäre, noch oberhalb der Satellitenhöhe. Sichtbar sind sie ausschließlich im Sommer zwischen etwa 50° und 65° nördlicher und südlicher Breite. Wie auch die Perlmutterwolken zeigen sie sich nur, wenn die Sonne zwischen 5° und 10° unter dem Horizont steht und Erdboden und untere Atmosphäreschichten bereits im Schatten liegen. Vermutlich entstehen sie im Zusammenhang mit den Jetstreams, was ihre hohen Geschwindigkeiten von etwa 480 km/h erklären würde.

BERGNEBEL

Bergnebel entsteht normalerweise durch stehende Luftwellen an der Leeseite eines Berges. Wenn Luftfeuchtigkeit am Oberrand der Wellen kondensiert, bilden sich Lenticulariswolken und lösen sich beim Absinken der Luft wieder auf. Das Wolkenbild wird durch Windgeschwindigkeit und Bergform bestimmt.

An einem Berg muss die Luft erst aus der Niederung aufsteigen, um auf der Leeseite wieder abzusinken. Bei dieser wellenförmigen Bewegung erreicht die aufsteigende Luft jedes Mal den Taupunkt, woraufhin die Wolkenbildung einsetzt. Sinkt sie auf der Leeseite des Berges ab, löst sich die Wolke wieder auf. Trotz der Luftbewegung sieht es so aus, als bliebe die Wolke an einer Stelle stehen. Der Bergnebel ist eine Variante der Lenticulariswolke.

KONDENSSTREIFEN

Hierbei handelt es sich um den Abgasstrahl von Flugzeugen und somit um eine künstliche Wolke. Die von den Triebwerken ausgestoßenen Gase und der Wasserdampf kondensieren rasch in der kalten Luft. Unterdruck an den Flügelspitzen der Flugzeuge erzeugt kleine Wirbel, in denen Wasserdampf kondensiert oder gefriert. Das verursacht entlang der Kondensstreifen einen rauchringartigen Effekt

Kondensstreifen sind künstlich erzeugte Wolkenstreifen, die sich durch Kondensation von Wasserdampf in Flugzeugabgasen bilden. Sie entstehen ab einer Flughöhe von über 5000 m in mit Feuchtigkeit nahezu gesättigten Luftschichten der Atmosphäre. In trockener Luft lösen sich Kondensstreifen rasch auf. Solche chromosomenähnlichen Muster bilden sich gelegentlich beim Auflösen der Kondensstreifen.

NEBEL UND DUNST

Nebel und Dunst sind im Wesentlichen Wolken, die sich in Bodenhöhe bilden. Wie Wolken entstehen sie durch das Abkühlen und Kondensieren von Wasserdampf. Beide bestehen aus in der Luft schwebenden Wassertröpfchen. Beim Flugverkehr herrscht Nebel bei einer Sichtweite von unter 1000 m, während man gewöhnlich erst bei einer Sichtweite von unter 200 m von Nebel spricht. Geht die Sichtweite auf den Straßen unter 50 m zurück, behindert das den Verkehr, und die Unfallgefahr erhöht sich signifikant.

Strahlungsnebel ist der am häufigsten auftretende Nebeltyp. Der von der Sonneneinstrahlung erwärmte Boden gibt nachts die Wärme wieder ab, wobei er wie auch die bodennahe Luft auskühlt. Sobald es kühl genug ist, kondensiert etwas Wasserdampf am Boden zu Nebeltröpfchen. Begünstigt wird die Nebelbildung durch sternklaren Himmel, lange Nächte und leichten Wind, der die Kaltluft aufwirbelt und großräumig für Kondensation sorgt. Morgens erwärmen die Sonnenstrahlen Boden und Atmosphäre wieder und „verbrennen“ dadurch den Nebel. Bei niedrigen Wintertemperaturen dauert der Nebel manchmal den ganzen Tag an.

Von der Golden Gate Bridge in San Francisco ragen nur die rostbraunen Zwillingstürme aus dem dichtem Nebel heraus. Nebel bildet sich beim Abkühlen von feuchtwarmer Luft, wenn ein Teil des Luftwasserdampfs zu Wassertröpfchen kondensiert, weil kalte Luft weniger Wasserdampf aufnehmen kann als Warmluft.

NEBELARTEN

Das Falschfarbenbild zeigt eine ausgedehnte Nebelbank (hellgelb) über der Nordsee. Die Farben der Oberflächenmerkmale wurden der natürlichen Farbgebung angepasst. Deutlich sind die Britischen Inseln und die Küsten Westeuropas und Skandinaviens zu erkennen, während Teile von Deutschland (unten rechts) unter einer dünnen, hohen Wolkendecke liegen.

Advektionsnebel wird gebildet, wenn feuchtwarme Luft über eine kalte Oberfläche strömt. Die unteren Luftschichten kühlen sich ab, bis es zur Kondensation und Nebelbildung kommt. Auf diese Weise entsteht z. B. der charakteristische Nebel an der Golden Gate Bridge in San Francisco, wo in den Sommermonaten feuchte Seewinde über die kalten Pazifikgewässer landwärts wehen. Küstennebel bildet sich, wenn warme Luft über kaltes Wasser strömt und die Temperatur der unteren Luftschichten unter den Taupunkt absinkt. Einen solchen Küstennebel kann man buchstäblich mit der Flut landwärts ziehen sehen. Eisnebel besteht aus unterkühlten Wassertröpfchen, die selbst bei einer Lufttemperatur unterhalb des Gefrierpunkts flüssig bleiben. Typisch für Eisnebel ist Raureif, der federartige Eiskristalle an der Windseite von senkrechten Oberflächen wie Telegrafenmasten und Zaunpfosten ablagert. Smog ist ein Rauch-Nebel-Gemisch. Durch Luftverschmutzung ergeben sich Idealbedingungen für die Bildung von Wassertropfen. Diese mischen sich dann mit den Verbrennungsprodukten fossiler Treibstoffe, und es entsteht dicker Nebel mit einer hohen Schadstoffkonzentration.

NIEDERSCHLAG

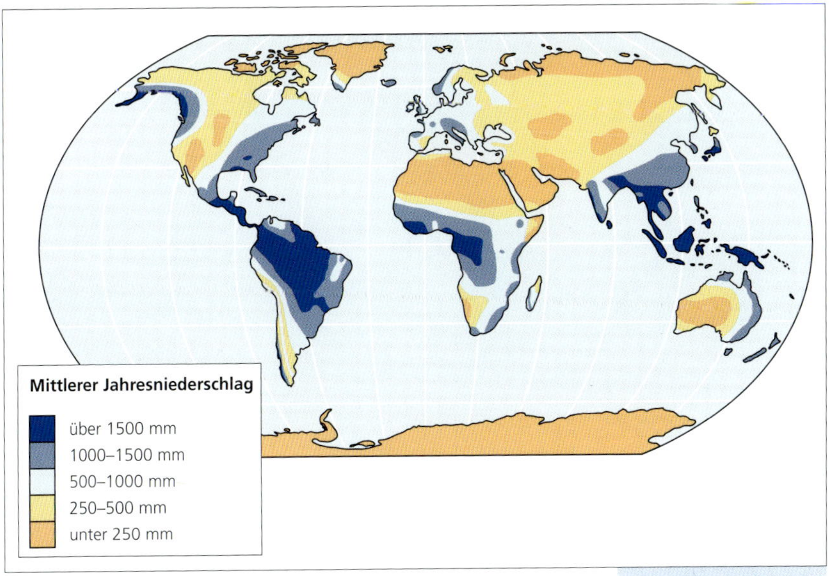

Unter Niederschlag versteht man alles Wasser, ob flüssig oder gefroren, das aus der Atmosphäre auf den Erdboden fällt. Niederschläge sind ungemein wichtig, weil dank ihnen Wasser zwischen den verschiedenen Speichern in Atmosphäre, Ozeanen, Gletschern und Eiskappen, Seen und Flüssen zirkuliert. Man unterscheidet zwischen drei Arten: fallende (Regen, Schnee, Hagel), abgesetzte (Tau, Reif) und abgelagerte Niederschläge (Schnee- oder Hageldecken). Nur Wolken in einer Tiefe von mindestens 1200 m bringen Niederschläge. Die schwersten fallen aus Nimbus und Kumulonimbus. Nicht immer erreicht der von Wolken ausgeschiedene Niederschlag die Erdoberfläche, da die Regentropfen noch vor Erreichen der Wolkenbasis verdunsten können. Der jährliche Gesamtniederschlag auf das Festland liegt bei 100 000 km^3. Ein typischer Regentropfen enthält eine Million Mal mehr Wasser als das durchschnittliche Wolkentröpfchen, und er fällt mit einer Geschwindigkeit von bis zu 9 m/s. Im Vergleich dazu fällt Schnee mit nur 0,5 bis 1 m/s.

Manche Teile der Erde erhalten praktisch keine Niederschläge jedweder Art. In der nordchilenischen Stadt Calama in der Atacamawüste hatte es seit 400 Jahren nicht geregnet, als 1972 sintflutartige Regenfälle auftraten, die mit Überschwemmungen und Erdrutschen große Schäden anrichteten.

REGEN

Regen ist Niederschlag in flüssiger Form. Er fällt in Form großer Wassertropfen aus tiefen Regenwolken herab und variiert vom feinen Sprühregen oder Schauer bis hin zu schweren, anhaltenden Regenfällen, die Überschwemmungen auslösen können. Die Vorgänge, durch die Regen entsteht, sind komplex. Der Bergeron-Findeisen-Prozess gilt als eine der wichtigsten Theorien zur Erklärung des Wie und Warum der Regenbildung. Er geht von einer komplexen Interaktion zwischen Wasserdampf, unterkühlten Wassertröpfchen und Eiskristallen aus. Bei Temperaturen zwischen –10 und –35 °C wird das Anwachsen von Eiskristallen begünstigt, die die Wolken schließlich als Schnee verlassen. Bei ausreichend warmer Lufttemperatur schmelzen die herabfallenden Kristalle dann zu Regentropfen. In den Tropengebieten ist die Luft jedoch normalerweise zu warm, als dass sich Eiskristalle bilden könnten. Der Regen dort ist das Ergebnis von Koaleszenz: Die Wassertropfen in einer Wolke fließen bei Berührung zusammen und fallen, sobald sie eine bestimmte Größe erreicht haben, als Regen herab. In dünnen Wolken stoßen die Tropfen weniger häufig zusammen und bilden somit kleinere Tropfen. Es entsteht ein feiner Dunst – Sprühregen.

Oben: Regentropfen werden oft tränenförmig dargestellt. In Wirklichkeit ist dies aber nur dann der Fall, wenn sie von einer Oberfläche herabtropfen. Kleine Regentropfen sind kugelförmig und flachen sich mit zunehmender Größe unten ab, während sehr große Tropfen Fallschirmen gleichen.

Unten: Regen im Death Valley in Kalifornien. Der Schauer erscheint in der Ferne als graurosa Regenwand unter Kumuluswolken. Im Death Valley regnet es nur extrem selten; Auslöser für diesen Schauer war das El-Niño-Phänomen, das 1998 weiter westlich im Pazifik auftrat.

SCHNEE

Für die meisten Kinder und auch viele Erwachsene ist Schnee der aufregendste Niederschlag und wird bei Wintereinbruch sehnsüchtig erwartet. Viele Menschen glauben noch immer, dass Schnee gefrorener Regen sei. In Wirklichkeit bildet er sich aber, wenn winzige Eiskristalle kollidieren und aneinanderhaften. Die meisten Schneekristalle schmelzen beim Herabsinken; nur bei ausreichend kalter Luft erreichen sie den Boden als Schneeflocke. Bei großer Kälte sind die Schneeflocken im Allgemeinen trockener und feinkörniger, weil die Eiskristalle nicht ohne Weiteres aneinanderhaften. Dieser Pulverschnee wird von Skifahrern hoch geschätzt und in der Wettervorhersage entsprechend hervorgehoben. Die Zwischenstufe tritt auf, wenn der Schnee im Fall teilweise schmilzt und den Boden in Form von Schneeregen, auch Graupel genannt, erreicht.

Schweres Schneetreiben an einem Flüsschen in Missouri während eines Schneesturms. Schnee besteht aus großen Eiskristallen, die im Wolkeninneren aus kleineren Kristallen heranwachsen. Bei großer Kälte fällt der Schnee in kleinen, trockenen Flocken herab und bildet auf dem Boden Pulverschnee. Bei wärmeren Temperaturen sind die Flocken größer und nasser – man spricht dann von Pappschnee.

SCHNEEFLOCKEN

Schneeflocken sind symmetrisch aufgebaute Eiskristalle und bilden sich in windarmer Luft um den Gefrierpunkt. Ihre genaue Form hängt von den lokalen klimatischen Bedingungen ab. Typischerweise sind Schneeflocken sechseckig. Keine zwei Flocken sind exakt identisch, da jede bei der Entstehung im Wolkeninneren unterschiedlichsten Einflüssen unterliegt.

Jedes Schneekristall hat seine eigene einzigartige Struktur. Bestimmt wird sie durch Temperatur, Höhe und Sättigungsgrad der Wolke, in der es entstanden ist. Feuchte Kristalle haften besser aneinander und gefrieren dann erneut, weshalb sich große Flocken generell bei einer verhältnismäßig warmen Lufttemperatur knapp über dem Gefrierpunkt bilden. Da warme Luft mehr Feuchtigkeit aufnehmen kann, treten bei solcher Witterung auch die schwersten Schneefälle auf. Der feuchte, großflockige Pappschnee ist ideal für Schneebälle und Schneeballschlachten. Die Inuit kennen unzählige verschiedene Begriffe für Schnee. Kein Wunder – die genaue sprachliche Unterscheidung der verschiedenen Schneearten war für ihr Überleben in der Arktis eminent wichtig.

ENTSTEHUNG VON HAGEL

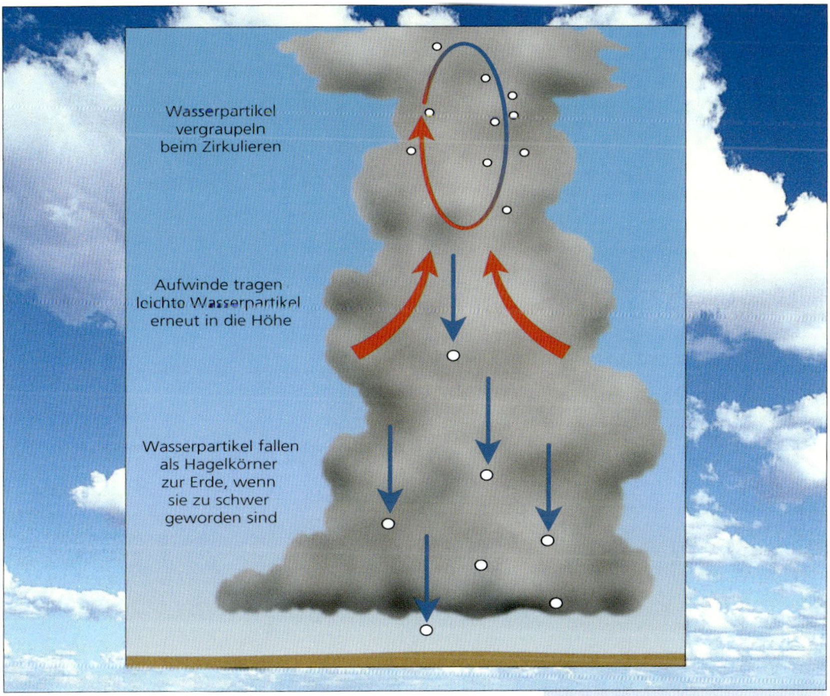

Hagel, wie er oft bei Gewittern und Tornados auftritt, ist ein höchst faszinierendes Wetterphänomen, gleichzeitig aber lebensbedrohlich: So kamen 1888 bei einem Hagelsturm im nordindischen Moradabad 246 Menschen zu Tode. Ein Hagelkorn besteht ähnlich einer Zwiebel aus Schichten. Dieser Schalenaufbau entsteht durch mehrmaliges Auf- und Absteigen des Eiskristalls in verschieden temperierten Wolkenschichten. Hagel bildet sich in instabilen Wolken wie Kumulonimbus- oder Gewitterwolken und tritt daher in Zusammenhang mit heftigem Regen und Stürmen auf. Innerhalb der Wolke wirbeln starke vertikale Luftströmungen die Eiskristalle hinauf und wieder hinab. Sie wachsen an, bis sie so schwer sind, dass sie aus der Wolke heraus- und als Hagel zu Boden fallen.

Hagel ist eine Form von Niederschlag, der aus Eistropfen besteht. Die Hagelkörner bilden sich in Kumulonimbuswolken aufgrund von heftigen Konvektionsströmungen. Regen- oder Schneepartikel werden durch die Wolke in die Höhe getragen und stoßen mit unterkühltem Wasser und anderen Partikeln zusammen und bleiben an ihnen haften. Wenn sie zu schwer werden, um von der Luft getragen zu werden, fallen sie zur Erde.

HAGELSCHÄDEN

Hagelschauer während eines schweren Gewitters in Gillette in Wyoming. Hagelkörner können einen Durchmesser von mehr als 10 cm haben und richten alljährlich schwere Ernteschäden an.

Hagel wird gefürchtet wegen der Schäden, die er anrichten kann. In der sogenannten Hail Alley im Mittleren Westen der USA kommt es durch Hagelstürme jedes Jahr zu Schäden in Millionenhöhe. Hagelkörner verwüsten die Anbauflächen, sodass Ernten oft verloren sind. In anderen Weltteilen stellen die Bauern Mattendächer auf, um empfindliches Baumobst vor Hagelschlag zu schützen. Sydney, ein Gebiet, das normalerweise keinen Hagel kennt, wurde 1999 von einem schweren Hagelsturm heimgesucht: Innerhalb von weniger als 15 Minuten gingen Hagelkörner in der Größe von Golf- und Kricketbällen mit Geschwindigkeiten von bis zu 160 km/h nieder, beschädigten 25 000 Häuser, machten 44 000 Menschen obdachlos und verursachten Schäden in Höhe von 900 Millionen Euro.

HAGELKÖRNER

Typischerweise misst ein Hagelkorn um 5 mm im Durchmesser, doch selbst ein Hagelkorn dieser geringen Größe braucht heftige Winde mit Geschwindigkeiten von 30 m/s. Relativ selten haben Hagelkörner die Größe eines Golfballs, und noch seltener treten riesige Hagelkörner wie jenes auf, das bei einem Hagelsturm 1970 in Kansas fiel: Es wog 765 g, hatte einen Umfang von 43,68 cm und einen Durchmesser von gut 15 cm. Noch größer war ein Hagelkorn, das 1986 in Gopalganj in Bangladesch auf die Erde donnerte: Es brachte stolze 1 kg auf die Waage.

Ein riesiges, unregelmäßig geformtes Hagelkorn von etwa 15 cm Durchmesser. Hagelkörner sind Eisklumpen und bilden sich in Kumulonimbussen oder Gewitterwolken aus Wassertröpfchen, die flüssig bleiben, obwohl die Temperatur unter den Gefrierpunkt gefallen ist. Diese unterkühlten Wassertropfen zirkulieren in den Auf- und Abwinden innerhalb der Wolke und vergraupeln beim Zusammenstoß mit Eiskristallen und Staubpartikeln. Dabei wachsen sie, bis sie entweder zu schwer für die Wolke sind oder aber aus dem Aufwindbereich herausgeschleudert werden.

DIE ATMOSPHÄRE: LOKALE MUSTER

KONTINENTALKLIMA

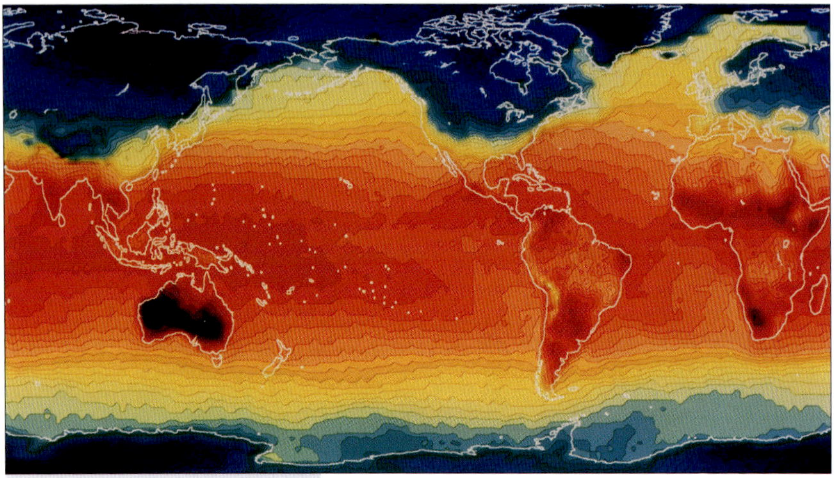

Satellitenkarte der Durchschnittstemperaturen der Erdoberfläche. Die Farben stellen die Temperatur wie folgt dar:
flieder = −38 °C;
blau = −36 bis −12 °C;
grün = −10 bis 0 °C;
gelb = 2 bis 4 °C;
rosa und rot = 16 bis 34 °C;
dunkelrot und schwarz (etwa Australien) = 36 bis 40 °C.

Die russische Steppe und die Prärie Nordamerikas lassen sofort an weites Grasland denken. Beide sind weit vom mäßigenden Einfluss des Meeres entfernt, und somit herrscht dort ein für das Binnenland großer Kontinente typisches kontinentales Klima. Dieser Klimatyp wird durch die Entfernung zum Meer verursacht. Das Meer hat eine hohe spezifische Wärmekapazität, weshalb es lange Zeit braucht, um sich zu erwärmen, und ebenso lang, um sich abzukühlen. Im Gegensatz dazu haben die Landmassen eine viel geringere spezifische Wärmekapazität. Erde und Gestein absorbieren Energie aus der Sonneneinstrahlung in einer flachen Oberflächenschicht, die sich schnell erwärmt und auch schnell wieder abkühlt. Daher treten in den inneren Festlandsgebieten erhebliche Temperaturschwankungen auf, die in Teilen der USA 40 °C betragen.

MARITIMES KLIMA

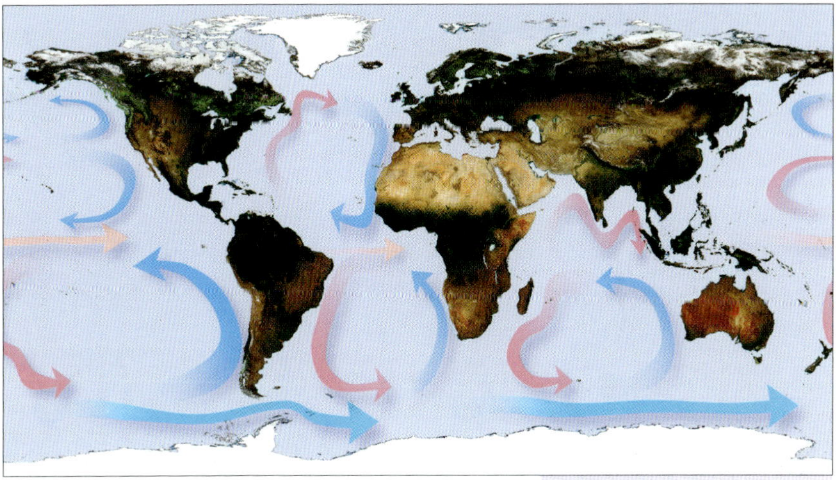

Das maritime Klima wird durch den Einfluss des Meeres gemäßigt. Wasser hat eine hohe spezifische Wärmekapazität, weshalb es lange braucht, um sich im Sommer zu erwärmen. Dann speichert es aber die Wärme und kühlt deshalb im Winter erst nach einiger Zeit ab. Die höchsten Landtemperaturen treten in den Sommermonaten Juli und August auf, während das Meer seine Maximaltemperatur erst im September erreicht, wenn die Lufttemperaturen bereits wieder fallen. Somit profitieren küstennahe Regionen im Herbst und Winter von Luft, die über relativ warme Gewässer heranströmt. Umgekehrt kommt ihnen dann im Sommer die kühlende Meeresluft zugute, während das Binnenland der Kontinente unter den hochsommerlichen Temperaturen vor Hitze glüht.

Schematische Darstellung der Meeresoberflächenströmungen. Warmes Wasser erscheint rot und kaltes Wasser blau. Angetrieben werden die Oberflächenströmungen von Winden. Unten erkennt man den mächtigen Antarktischen Zirkumpolarstrom, der ungehindert von Landmassen den gesamten Erdball umströmt. Der warme Golfstrom entsteht im Karibischen Meer und zieht vor der Ostküste der USA hinauf, bevor er den Atlantik überquert. Ihm ist es zu verdanken, dass es in Westeuropa bedeutend wärmer ist, als es in diesen Breiten sonst wäre. Passatwinde treiben die Äquatorgewässer gen Westen, und in den mittleren Breiten lenken Westwinde die Strömungen ostwärts. Die gegensätzlichen Richtungen lassen in den Ozeanbecken gewaltige Schleifen entstehen.

MARITIMITÄT

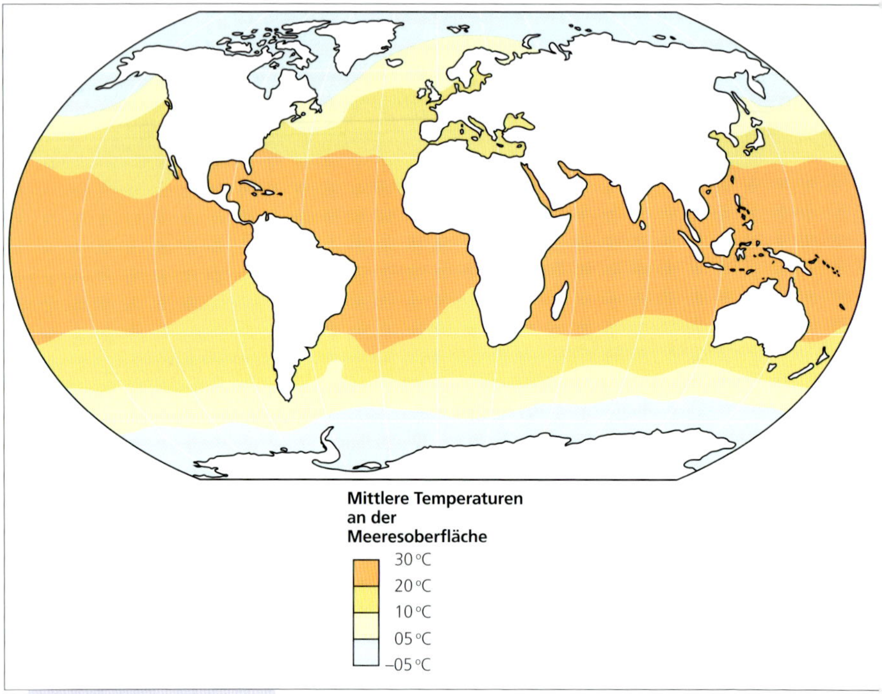

Alaska und Westkanada haben ebenfalls ein maritimes Klima, aber anders als in Westeuropa stabilisiert dort keine warme Meeresströmung die Temperaturen. Die Küsten Westeuropas profitieren dank der vorherrschenden Südwestwinde von einem gemäßigten ozeanischen Klima. Vom warmen Golfstrom erwärmt, sorgen hereinströmende maritime Luftmassen für milde Temperaturen. Unten erkennt man den mächtigen Antarktischen Zirkumpolarstrom, der den gesamten Erdball umströmt.

Maritimität ist der Grad, in dem das Klima einer Region von Meeresluftströmungen beeinflusst wird. Ein maritimes Westküstenklima ist typisch für die Westküsten der mittleren Breiten, findet sich aber ebenfalls in einem kleinen Teil von Südostaustralien. Das maritime Klima zeichnet sich durch feuchtkühle Sommer und milde Winter mit geringen Temperaturschwankungen im Tages- und Jahresgang aus. Ihm fehlen die Extreme, anders als etwa dem Kontinentalklima der russischen Steppe. Die Küsten Westeuropas profitieren dank der vorherrschenden Südwestwinde von einem gemäßigten ozeanischen Klima. Vom warmen Golfstrom erwärmt, sorgen die über den Atlantik hereinkommenden maritimen Luftmassen für milde Temperaturen. In Großbritannien liegt die mittlere Jahrestemperaturschwankung bei nur etwa 10 °C.

HÖHE

An einem Küstenberg bildet sich im arktischen Sommer eine Bergwolke. Sie entsteht, wenn feuchte Meeresluft auf einen Berg trifft und in große Höhe aufgleitet. Der Wasserdampf kondensiert in der kalten Höhenluft und bildet orografische Wolken. Der darauf folgende Regen lässt Leben in der trockenen Arktiswüste entstehen.

Wer in der letzten Zeit einmal geflogen ist, erinnert sich vielleicht noch an den Temperaturrückgang in der Atmosphäre, als das Flugzeug auf Reisehöhe anstieg. Am Boden beobachten wir eine ähnliche Temperaturabnahme, wenn wir z. B. einen Berg besteigen. Ursache für das Absinken der Temperatur sind die abnehmende Dichte der Luft sowie der größere Abstand von der Quelle der Lufterwärmung, nämlich der Erdoberfläche, die ihrerseits durch die einfallende Sonnenstrahlung erwärmt wurde. Daher ist bodennahe Luft auch wärmer. Das Maß, in dem sich Luft abkühlt oder erwärmt, hängt vom Feuchtegehalt der Atmosphäre ab. Ist sie trocken, beträgt die Temperaturänderung 10 °C je 1000 m – dies ist der trockenadiabatische Temperaturgradient (DALR). Er ist eine Konstante und beträgt stets 1 °C je 100 m. Ist die Luft dagegen gesättigt, sinkt der Änderungsgradient auf 6 °C je 1000 m und wird feuchtadiabatischer Temperaturgradient (MALR oder SALR) genannt.

OROGRAFISCHE EINFLÜSSE

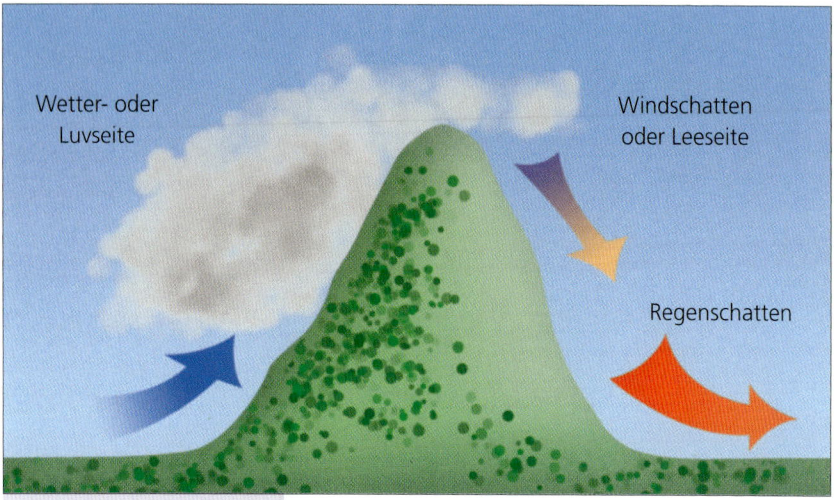

Hügel und Berge können auch von sich aus Wolken bilden. An einigen Bergen entwickeln sich Lenticulariswolken, wenn lokal aufsteigende Luft bei der Hebungsbewegung kondensiert. Da die Luft nicht weiter aufsteigen kann, „fallen" die Winde danach wieder die Bergflanke hinab. Die Wolken lösen sich daraufhin auf, erscheinen aber durch ständig nachströmende und kondensierende Luft, als blieben sie an Ort und Stelle und würden sich nicht mit dem Wind weiterbewegen.

Menschen, die in hügeligen oder gebirgigen Regionen leben, wissen, dass dort häufig ein anderes Wetter herrscht als in den umliegenden Bereichen. Das ergibt sich aus der Orografie, dem Einfluss des Bodenreliefs auf das Wetter. Wenn die Luft über das Meer streicht, nimmt sie verdunstete Feuchtigkeit auf. Zieht sie dann landwärts und erreicht Hügel, muss sie aufsteigen und kühlt sich dabei ab. Es kommt zu Kondensation und damit zu Wolkenbildung und Niederschlag. Der meiste Regen fällt auf den Bergkämmen und auf der Luv- oder Wetterseite der Berge, d. h. auf der dem Meer und dem Seewind zugewandten Seite. Wenn die Luft auf der Leeseite oder im Windschatten der Berge herabsinkt, erwärmt sie sich. Es kommt zu Verdunstung, und die Luft trocknet, weshalb es dort kaum regnet. Die Leeseiten haben somit eine deutlich trockenere Witterung als die Wetterseiten.

LOKALWINDE

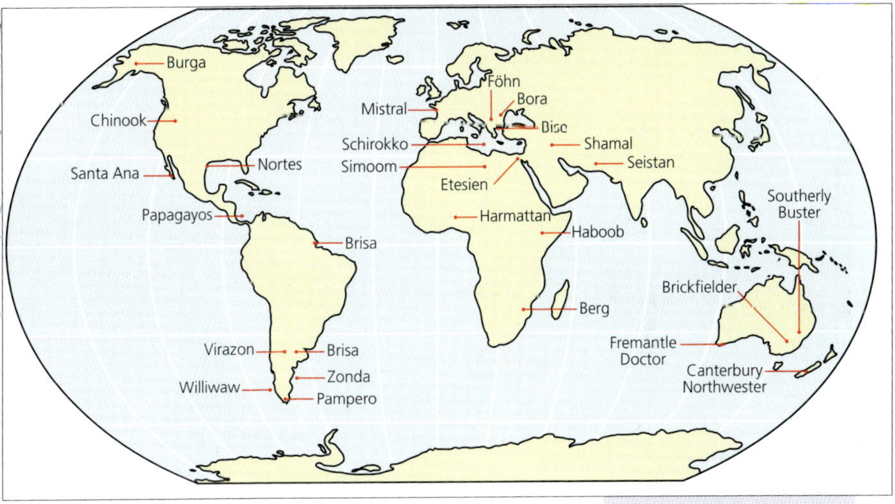

In vielen Weltteilen sorgt das Bodenrelief mit seinen Bergketten, Hügeln und Tälern für ein breites Spektrum von lokalen Wettererscheinungen – samt Winden, die manchmal jahreszeitlich bedingt auftreten und verheerende Auswirkungen haben können. Der Charakter der Winde kommt oftmals in ihrem Namen zum Ausdruck. Zu den berühmtesten zählt der von den Alpen südwärts wehende, raue, kalte Mistral. Er entwickelt sich als Kaltfront und weht über Südfrankreich zum Mittelmeer hinab. Normalerweise sorgt er für trockenes, kaltes Sommerwetter und hohe Wellen. In den USA weht der Chinook oder „Schneefresser“ die Ostseite der Rocky Mountains hinab. Der Chinook bringt den Schnee zum Schmelzen und kündigt den Frühling an. Der kalifornische Santa-Ana-Wind bringt im Herbst und Frühling heißes, trockenes Wetter. Meist weht er mit Geschwindigkeiten von etwa 65 km/h, kann aber beim Durchströmen von Bergpässen Hurrikanstärke erreichen. Ein kalter Südwestwind bläst von den Anden über das argentinische Patagonien. Der stürmische Pampero bringt einen deutlichen Temperaturabfall mit sich.

Rund um den Globus sorgen Oberflächenformen von Land und Meer für ausgeprägte Lokalwinde, die seit Jahrhunderten auftreten. Berühmte Beispiele für solche lokalen Winde sind der Föhn am Alpenrand, der Chinook in den USA und der Schirokko in Nordafrika.

MIKROKLIMATE

Ein Mikroklima ist eine lokale atmosphärische Zone, deren Klima sich von den angrenzenden Bereichen unterscheidet. Ein Beispiel dafür sind die tropischen Regenwälder: Temperaturen und Luftfeuchte unter dem Blätterdach sind ganz anders als in den benachbarten Arealen.

Wer weiß, dass ein Südgarten wärmer ist als ein nach Norden ausgerichteter Garten, der hat bereits eine Vorstellung davon, was man unter einem Mikro- oder Kleinklima versteht: den Zustand der Atmosphäre in einem kleinen Bereich. Waldgebiete gestalten z. B. eigene Mikroklimate. Die Regenwälder Brasiliens haben ein dichtes Blätterdach, das Sonnenstrahlung absorbiert und sehr heiß wird. Unter dem Blätterdach nehmen die Temperaturen ab, wobei die Differenz im Sommer bis zu 22 °C betragen kann. Luftfeuchte und Nachttemperatur sind meist höher als in den umliegenden Bereichen, und wegen des schützenden Blätterdachs treten nur leichte Winde auf. Aber auch künstliche Mikroklimate finden sich häufig. So wurde der Gemüsegarten viktorianischer Herrenhäuser zum Schutz vor Winden gern mit einer Mauer umschlossen. Obstbäume und empfindliche Gewächse pflanzte man am Fuß der Mauersüdseite an, die wie eine Nachtspeicherheizung tagsüber Solarenergie aufnahm und sie nachts wieder abstrahlte.

URBANE WÄRMEINSELN

Thermogramm (Wärmebild) der Temperaturverteilung bei Bauten in der Stadt. Die Farbkodierung zeigt die wärmsten Bereiche mit dem höchsten Wärmeverlust gelb und rot, die kühlsten Bereiche mit dem geringsten Wärmeverlust rosa, purpur und grün. Dächer und Fenster geben am meisten Wärme ab. Anhand von Thermogrammen wird der Wärmeverlust von Gebäuden überprüft, deren Energieeffizienz durch Isolierung verbessert werden soll.

Das wohl wichtigste künstliche Mikroklima ist die Wärmeinsel des städtischen Lebensraums. Mit dem Anwachsen von Dörfern und Städten nimmt auch die Temperaturdifferenz zwischen Stadtkern und den ländlichen Gebieten des Umlands zu. Dunkle Asphaltflächen und Baumassen aus Backstein und Beton absorbieren tagsüber die Sonneneinstrahlung, deren Wärme nachts abgestrahlt wird und die Atmosphäre erwärmt. Die Abwärme von Fabriken, Klimaanlagen und Kühlsystemen, Zentralheizung und Autoabgasen verstärkt das Problem noch. Hohe Häuser speichern die Hitze; Straßenbelag und Pflasterung halten Wärme zurück, weil sie keine Feuchtigkeit passieren lassen – Regenwasser wird über ein ausgeklügeltes Abflusssystem abgeleitet. Das Temperaturgefälle besteht während des gesamten Jahres, ist aber im Winter ausgeprägter, wobei Differenzen von bis zu 10 °C aufgezeichnet wurden.

INVERSIONSWETTERLAGE

Luftansicht einer Kumulonimbus- oder Gewitterwolke. Der ambossförmige Wolkengipfel bildet sich bei Inversionswetterlagen, wenn die Höhenluft wärmer ist als die bodennahe Luft. Die aufsteigenden feuchtwarmen Luftsäulen, aus denen Kumulonimbusse entstehen, sind unter der Inversionsschicht gefangen und breiten sich deshalb zur Seite aus.

Normalerweise nimmt die Temperatur mit der Höhe ab, weil der Boden durch die Sonnenstrahlung erwärmt wird und seinerseits die bodennahe Luft erwärmt. Unter bestimmten Bedingungen kehrt sich dieses Normalmuster jedoch um. Wenn die Bodenluft kälter als die Höhenluft ist, spricht man von einer Inversion oder Temperaturumkehr. Sie kann aus mehreren Gründen entstehen. Die kalifornischen Zitrusbauern geraten in sternenklaren Winternächten in Unruhe, wenn die Temperaturen unter den Gefrierpunkt sinken können. Dann sorgen die Seewinde, die über die kalten Pazifikgewässer landeinwärts strömen, für Frosteinbrüche entlang der kalifornischen Küste. Erreichen sie die Küste, kann ihre dichte Kaltluft nicht ohne Weiteres aufsteigen und verdrängt deshalb die leichtere Warmluft – eine Inversionswetterlage entsteht.

Fotochemische Luftverschmutzung über Los Angeles. Der Smog entsteht durch Kohlenwasserstoffe und Stickstoffoxide, die hauptsächlich aus Autoabgasen stammen und unter Einwirkung von Sonnenlicht miteinander reagieren. Die Verschmutzung schränkt die Sichtweite ein, schädigt Pflanzen und reizt die Augen. Durch starken Smog werden vor allem Kleinkinder, Senioren und Menschen mit Atemwegserkrankungen gefährdet.

Solch eine Wetterlage ist auch für den Dauersmog über Städten wie Los Angeles verantwortlich, wo Autos und andere Schadstoffverursacher Abgase in die Atmosphäre abgeben. Die als Sperrschicht wirkende Inversion lässt sie nicht entweichen, sodass sie sich in Bodennähe ansammeln. In Tälern wiederum kann nachts eine andere Art von Inversion auftreten. Dort strömt Kaltluft dank der Schwerkraft – Kaltluft ist dichter und schwerer als Warmluft – von der Höhe hinab in den Talgrund, wo sie die relativ wärmere Luft verdrängt. Diese Luftbewegung, ein katabatischer oder Fallwind, ist sehr leicht und oft kaum zu bemerken, doch sie hat ein sogenanntes Frostloch mit hoher Frostwahrscheinlichkeit zur Folge.

DER LONDONER SMOG

In seinem Roman *Bleakhaus* beschreibt Charles Dickens 1852/53 den häufig auftretenden Smog als „Londoner Eigenart". Das charakteristische Nebel-Abgas-Gemisch, wegen seiner Farbe und Dichte auch „Erbsensuppe" genannt, gab es bereits in elisabethanischer Zeit und wurde im 17. Jahrhundert in den Tagebüchern von John Evelyn erwähnt.

Im Winter 1952/53 waren die Ereignisse so bedrohlich, dass das Problem in Angriff genommen werden musste. In der Nachkriegszeit war Kohle der gebräuchlichste Heizstoff in den Häusern und Kraftwerken der Stadt, und Dieselbusse ersetzten nun die Straßenbahnen als wichtigstes öffentliches Verkehrsmittel. Da der Frühwinter sehr kalt war, wurde mehr Kohle verbrannt. London liegt in einem breiten, seichten Becken, und als von den umliegenden Hügeln Kaltluft mit einem katabatischen Wind in das Becken hinabströmte, wurde die vergleichsweise wärmere Luft über der Stadt in die Höhe gezwungen – es entstand eine Inversionswetterlage, in der die Luft gesättigt und relativ unbewegt war. Diese Sperrschicht verhinderte, dass die Schadstoffe aus Fabriken, Kraftwerken, Häusern und Straßenverkehr abziehen konnten; sie vermengten sich vielmehr mit dem gleichzeitig auftretenden Nebel.

Am Flughafen Heathrow fiel die Sichtweite daraufhin für fast 48 Stunden unter 10 m, doch mancherorts konnte man seine eigenen Füße nicht mehr sehen. Der Verkehr kam zum Erliegen. Im Sadler's Well Theatre wurden die Vorstellungen abgesagt, da das Publikum die Bühne und die Schauspieler einander nicht mehr sehen konnten. Notfalldienste wurden überrannt: Mindestens 4000 Menschen starben, hauptsächlich weil sich Bronchial- und Herzleiden infolge des Smogs verschlechterten. Im Viehmarkt in Smithfield in Zentrallondon verendeten die Tiere. Die Sterbeziffer erreichte am 8. Dezember mit 900 Toten an einem Tag ihren Spitzenwert. Inoffizielle Schätzungen gehen von mehr als 12 000 Todesfällen aus.

Die Regierung ergriff gezwungenermaßen die Initiative, und mit der Verabschiedung des Clean Air Act 1956 zur Luftverbesserung gehörte die „Erbsensuppe" der Vergangenheit an. Dennoch sind auch heute Autoabgase eine Hauptursache für die Stadtverschmutzung in London.

URBANE VERSCHMUTZUNG

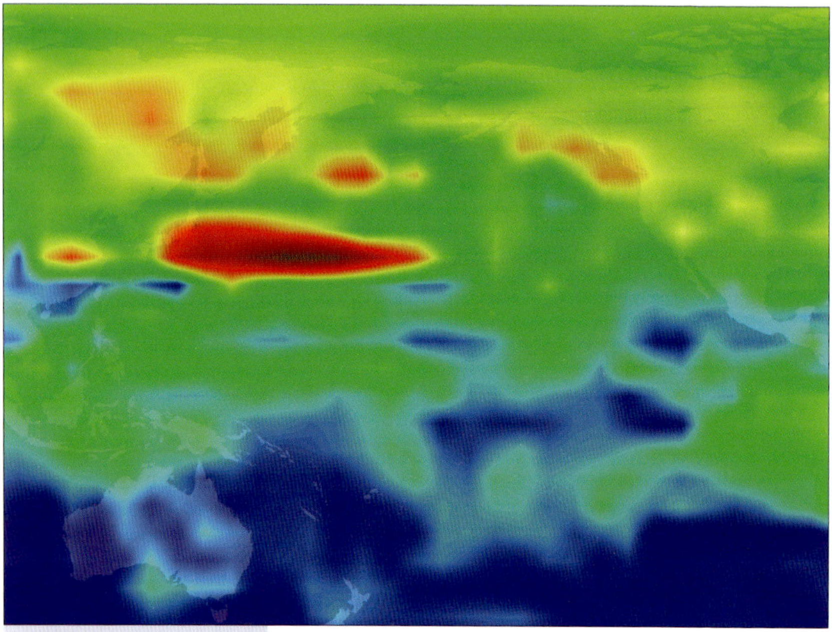

Satellitenbild von atmosphärischem Kohlenmonoxid (CO), das in einer Höhe von 4500 m ostwärts über den Pazifik zieht. Rot stellt Bereiche hoher Konzentration – etwa 250 ppb (Teile auf eine Milliarde) – dar und Blau Bereiche niedriger Konzentration mit etwa 40 ppb. Das giftige Kohlenmonoxid entsteht bei unvollständiger Verbrennung von Kohlenstoff, zum Beispiel bei Waldbränden oder durch Benzinmotoren. Es zählt zu den größten Schadstoffen in der Troposphäre, der niedrigsten Region der Atmosphäre.

Im Jahr 1948 kam es in der amerikanischen Stahl- und Zinkstadt Donora zu einer schweren Luftverschmutzung durch Industrieabgase, die in nur 24 Stunden 19 Tote forderte. Die etwa 14 000 Einwohner zählende Kleinstadt liegt in einem Flusstal, und als im Oktober eine Inversionswetterlage entstand, verband sich Dauernebel mit den Industrieschadstoffen zu hochgiftigem Smog. Fast alle der 19 Todesopfer hatten an chronischen Herzerkrankungen oder Bronchialproblemen gelitten. Weitere 500 Menschen erkrankten an ähnlichen Leiden, die sich in den beiden Tagen nach dem Smogpeak verschlechterten. Insgesamt waren 7000 Menschen betroffen. Die Situation besserte sich erst nach der vorübergehenden Schließung der Fabriken. Indirekt verstärkte dieser Vorfall den Druck auf die US- und die Bundesstaatenregierungen, die 1970 schließlich das Gesetz für saubere Luft, den Clean Air Act, verabschiedeten.

SAD-SYNDROM

Eine Frau liest während der Behandlung mit einem Lichtbestrahlungsgerät. Die Fototherapie wird zur Behandlung von Jetlag und dem SAD-Syndrom (Seasonal-Affective-Disorder-Syndrom) eingesetzt. SAD verursacht in den Wintermonaten, wenn die Tageslichtstunden abnehmen, Depressionen und Mattigkeit. Durch die tägliche mehrstündige Behandlung mit einer starken Lichtquelle wird dem Körper der Eindruck von mehr Tageslichtstunden suggeriert.

Es gibt immer mehr wissenschaftliche Beweise dafür, wie die verschiedenen Wetterelemente Gesundheit und Befinden des Menschen beeinflussen. Bei Sonnenschein fühlen wir uns wohl. Mangel an Sonnenlicht soll auch die Ursache für den Winterblues oder das SAD-Syndrom sein. Sonnenlicht stimuliert den Hypothalamus, jenen Gehirnbereich, in dem die Steuerzentralen für viele Körperfunktionen des Menschen liegen, und der sich auf Empfindungen, Gefühle und Verhalten auswirkt. Bei Mangel an hellem Tageslicht verlangsamen sich diese Funktionen, und es kommt zu Lethargie und Depressionen. Entsprechend nimmt die Zahl der am SAD-Syndrom Erkrankten in den höheren Breiten zu und ist in den USA am höchsten in Alaska, in Florida dagegen am geringsten. Die Behandlung erfolgt als Fototherapie mit Sonnenlicht bzw. mit einem Lichtbestrahlungsgerät. Durch die tägliche mehrstündige Anwendung kann man dem Einfluss der langen, dunklen Winternächte entgegenwirken.

WINDCHILL

Der Windchill ist die auf der ungeschützten Haut gefühlte Temperatur und ergibt sich aus der Kombination von Lufttemperatur und Windgeschwindigkeit. Außer bei höheren Temperaturen liegt die Windchilltemperatur stets niedriger als die Lufttemperatur, weil Wind die Feuchtigkeit auf der Haut stärker verdunsten lässt und Wärme vom Körper ableitet.

Wer sich bei windigem Wetter im Freien aufhält, erlebt es am eigenen Leib: Es scheint viel kälter zu sein. Der Windchillfaktor ist das Maß, um den der Wärmeverlust der Haut bei Windkontakt steigt – anders gesagt, der Windchilleffekt ist eine durch Wind verursachte Kälteempfindung. Beträgt die Temperatur zum Beispiel 0 °C, dann fühlt sie sich bei einem Wind von 10 Knoten wie –5 °C an. Diese Erkenntnis wurde bei der Vorbereitung auf die potenziellen Arbeitsbedingungen in der Antarktis gewonnen. Das vordringlichste Problem am Südpol sind Erfrierungen, und die Forschung konnte nachweisen, dass die Windgeschwindigkeit dabei eine entscheidende Rolle spielte. Die Wissenschaftler erkannten, dass es möglich ist, bei Temperaturen von –40 °C zu arbeiten, eine Windbeschleunigung um 3 oder 4 Knoten aber einen enormen Unterschied ausmacht.

ANPASSUNG AN DAS WETTER

Pflanzen und Tieren haben sich an spezifische Umgebungen, Lebensräume und Biome mit einer Fülle von Verhaltensstrategien und physischen Adaptationen angepasst, die ihnen das Überleben sichern. Geografische Breite und Klima sind dabei entscheidende Faktoren. Pflanzen weisen typischerweise Adaptationen von Blatt- und Wurzelwerk auf, um bestmöglich Sonnenlicht zu empfangen, Feuchtigkeit zurückzuhalten, Temperatur- und Luftfeuchteextreme zu überstehen, sich vor strengen Winden zu schützen und trotz knapper Nährstoffe zu gedeihen. Wohl die Hauptanpassung der Tierwelt an das Klima betrifft die Bluttemperatur. Bei poikilothermen oder wechselwarmen Tieren wird sie von der Umgebungstemperatur bestimmt. Bei homöothermen Tieren oder Warmblütern wird sie zwar in gewissem Maß von der Umgebung beeinflusst, in erster Linie aber über eine innere Temperaturregelung nahezu konstant gehalten.

Viele Baumarten haben sich auf die Klimabedingungen ihres Standorts eingestellt. Die Blattstiele vieler Bäume, die für heiße Klimate wie auf den australischen und Pazifikinseln und in Afrika typisch sind, sind vertikal abgeflacht, um sich vor der intensiven Sonnenstrahlung zu schützen. In gemäßigten Klimaten werfen Laubbäume im Winter ihre Blätter ab.

GEMÄSSIGTE BREITEN

Die nadelförmigen Blätter der Koniferen reduzieren den Wasserverlust und sind durch große Zwischenräume zwischen den Zellen vor Frost geschützt. Die Blätter der Laubbäume sind hingegen meist groß und flach, damit sie möglichst viel Sonnenlicht aufnehmen können, und fallen im Winter ab, um den Feuchtigkeitsverlust gering zu halten, wenn das Wasser im Erdreich gefriert.

In den gemäßigten Breiten zwischen Subtropen und Polarkreisen treten vier Jahreszeiten mit vielfältigen Klimabedingungen auf, mit denen Pflanzen und Tiere zurechtkommen müssen. Dazu zählen feuchtwarme Sommer und kalte, oft schneereiche Winter, vor allem in den nördlichen gemäßigten Zonen, wo fast während des ganzen Jahres Frost auftreten kann. Der mittlere Niederschlag liegt etwa zwischen 610 und 1520 mm. Bestimmend sind in den gemäßigten Regionen Wälder aus breitblättrigen Laubbäumen, Nadelwäldern und anderen immergrünen Varianten sowie Mischwälder aus beiden Baumarten. Manche Vögel und Säugetiere der gemäßigten Breiten ziehen im Winter in Gebiete mit günstigeren Bedingungen, während andere Winterschlaf halten und Reptilien und Amphibien in Kältestarre verfallen. Andere Säugetiere sind winteraktiv und ernähren sich manchmal von ihren Nahrungsvorräten. Einigen wächst ein dicker Winterpelz, der bei manchen Arten der nördlichen Breiten zur Tarnung im Schnee weiß ist.

POLARZONEN

Die Polargebiete zeichnen sich durch extreme Niedrigtemperaturen, wenig Niederschlag, starke Winde und viel Schnee und Eis aus. Im Winter kommt es zu langen Perioden mit wenig oder gar keinem Sonnenlicht, während im Sommer ausgedehnte Tageslichtperioden auftreten, auch wenn die Sonne nur tief am Himmel steht. Die Temperaturen überschreiten nur wenige Monate den Gefrierpunkt und erreichen einen Spitzenwert von 12 °C. Beherrschende Vegetationsform ist die Tundra: eine baumlose Kältesteppe mit niedrig wachsenden Gräsern, Riedgräsern, Flechten und Moosen. In den Polarzonen, vor allem der Antarktis, lebt eine eingeschränkte terrestrische Fauna. Und doch gibt es in beiden Polregionen mehrere Meeressäugetiere, die sich mit dicken Speckschichten gegen die Kälte schützen. Die Kaiserpinguine in der Antarktis vermögen den kältesten Temperaturen des Erdballs zu widerstehen, indem sie sich in riesigen Kolonien dicht aneinanderdrängen, geschützt durch dicke Gefieder- und Speckschichten.

Pinguine sind besonders gut an ein Leben in der Antarktis angepasst. Schwere, feste Knochen wirken wie der Gewichtsgürtel eines Tauchers und gestatten lange Tauchgänge. Mit ihren flossenartig geformten Flügeln erreichen sie unter Wasser Geschwindigkeiten von bis zu 24 km/h. Ein stromlinienförmiger Körper und paddelartige Füße sind hilfreich beim Tauchen. Zusätzlich zur isolierenden Speckschicht schützen sich Pinguine vor Nässe und Kälte mit starren, dicht überlappenden Federn, die sie mit Fett aus einer Schwanzdrüse wasserdicht machen.

ARIDE ZONEN

Kamele sind gut an das Leben in der Wüste angepasst. Das Fett in ihrem Höcker versorgt sie lange Zeit mit Nährstoffen und Wasser. Mit ihren breiten Schwielensohlen kommen sie gut auf dem weichen, heißen Sand voran. Kamele sind in der Lage, ihre Nasenlöcher gegen Luftstaub zu verschließen, ihre Augen werden von dichten Wimpern geschützt.

Die ariden und semiariden Regionen besitzen trockene Klimate mit sehr geringem Niederschlag. Dennoch können in semiariden Regionen, wo die Hauptlebensräume Grasländer wie Steppe oder Savanne mit spärlichen Baumpopulationen sind, Regen- und Trockenzeiten auftreten. Der Hauptlebensraum in vollariden Regionen ist die Wüste, wo es manchmal jahrelang nicht regnet. Die Luftfeuchtigkeit ist sehr niedrig, sodass die Temperaturen im Tagesverlauf massiv schwanken können. Tagsüber brennt die Sonne mit voller Intensität, entsprechend überschreiten die Tagestemperaturen schon einmal 50 °C, fallen bei wolkenfreiem Himmel in der Nacht aber bis auf –20 °C. In den großen Wüsten, die hauptsächlich um die Wendekreise herum auftreten, ist die Pflanzendecke sehr spärlich. Die vorhandenen Pflanzen sind größtenteils Sukkulenten mit fleischigen, wächsernen Stängeln und Blättern, die hervorragend Wasser speichern. Aufgenommen wird das Wasser über ausgedehnte Wurzelsysteme.

TROPEN

Tropische Klimate und Lebensräume finden sich in den aquatorialen Regionen, die im Norden und Süden von den Subtropen begrenzt werden. Die Tropen zeichnen sich durch hohe Sonnenlicht-, Temperatur- und Niederschlagswerte aus. Manchmal fallen sogar mehrere Zentimeter Regen im Monat, was die Ausbildung von üppigen Regenwäldern mit hoher Artenvielfalt begünstigt. Ähnliche Bedingungen herrschen in den Subtropen, die aber zu jahreszeitlichen Niederschlägen tendieren und damit zu Monsunwäldern. Das Pflanzenwachstum wird meist durch eine kürzere Wachstumsperiode begrenzt. Die Bäume werfen ihr Laub in der Trockenzeit ab, und Tiere folgen bei ihren Wanderungen den Wasservorkommen. Die feuchtwarmen Bedingungen sind für viele Wirbellose, Reptilien und Amphibien ideal. Die dichte Vegetation liefert Nahrung und Zuflucht für zahlreiche Vögel und Säugetiere.

Viele Moose, Flechten und Farne gehören zu den Epiphyten, die ohne Kontakt mit dem Erdboden auf anderen Pflanzen wachsen. Damit haben sie sich auf das Leben in Klimaten wie dem tropischen Regenwald eingestellt, denn wenn sie hoch oben wachsen, erreichen sie mehr Licht als andere Pflanzen.

WETTER-EXTREME

STÜRME

Gewitter treten immer in Verbindung mit riesigen ambossförmigen Kumulonimbuswolken auf, die sich über 10 km auftürmen und zwischen 2 und 10 km breit sein können. Im Inneren dieser Wolken werden gewaltige Mengen von Energie erzeugt und freigesetzt. Stürme dauern normalerweise ein bis zwei Stunden, schwere Stürme aber auch viel länger.

Stürme sind wohl die dramatischsten unter den herkömmlichen Wetterereignissen. Neben starkem Regen bringen sie auch Hagel, Donner, Blitz und heftige Winde, zuweilen auch Wirbelstürme oder Wasserhosen, die fast alle große Zerstörungen anrichten können – gerade in Stadtgebieten. Ausgangspunkt eines jeden Sturmes ist unterschiedlich temperierte Luft. Ein typisches Wärmegewitter tritt bei starker lokaler Überhitzung auf, etwa wenn die Erdoberfläche während einer sommerlichen Wärmeperiode an einem Ort deutlich wärmer wird als die sie umgebende Luft. Der Boden erhitzt eine Luftzelle, die rasch als Aufwind zur Troposphäre aufsteigt und für Turbulenzen oder Labilisierung sorgt. In der aufsteigenden Luftzelle kühlt sich der Wasserdampf ab und kondensiert. Mit der Entstehung von Eiskristallen und Wassertröpfchen bilden sich Wolken, die zugleich positiv und negativ geladen sind. Um die Aufwärtsbewegung der Luft auszugleichen, sinkt die kühlere umliegende Luft als Abwind herab, nur um erneut erwärmt zu werden und aufzusteigen.

BLITZE

Blitze sind wohl die bekanntesten und dramatischsten Begleiter des gewöhnlichen Gewitters. Wie ein Blitz entsteht, ist immer noch nicht ganz geklärt, als Ursache vermutet man aber Eiskristalle, die in der Wolke aneinanderstoßen. Dabei laden sie sich auf und bauen eine ungeheure Spannung auf. Die unterschiedlich geladenen Teilchen trennen sich voneinander, im oberen Teil der Wolke sind mehr positiv geladene, im unteren mehr negativ geladenene Teilchen. Der Boden unter der Gewitterwolke lädt sich positiv auf. Das Spannungsgefälle wird durch den Blitz ausgeglichen. Zuerst wird eine schwache negative Ladung zur Erde transportiert. Aus dem Boden wächst ihr eine positive Ladung entgegen. Es entsteht der Blitzkanal, über den der eigentliche Blitz als Hauptentladung erfolgt. Die elektrische Spannung beträgt viele Millionen Volt und wird hauptsächlich in Wärmeenergie umgewandelt.

Normalerweise dauert ein Blitzschlag lediglich 0,0004 Sekunden. In dieser kurzen Zeit entsteht genug Hitze, um einen frei stehenden Baum explodieren zu lassen, weil sich das Wasser in ihm so stark erhitzt.

BLITZ UND DONNER

Die intensive Hitze des Blitzes dehnt die Luft explosionsartig aus, dann zieht sie sich wieder zusammen; dabei entsteht Donner.

Die erhitzte Luft dehnt sich aus und sendet Schallwellen, den Donner, aus. Da die Geschwindigkeit von Schall viel geringer ist als die von Licht, werden Blitz und Donner mit einer Verzögerung von mehreren Sekunden wahrgenommen. Anhand des Intervalls lässt sich die Entfernung eines Gewitters abschätzen: Der Zeitunterschied zwischen Blitzschlag und Donnerkrachen beträgt etwa drei Sekunden je Kilometer. Der Blitz schlägt bevorzugt in hohe Objekte wie frei stehende Bäume, Wolkenkratzer und natürlich Blitzableiter ein. Wer also bei einem Gewitter unter Bäumen Schutz sucht, läuft erhöhte Gefahr, vom Blitz getroffen zu werden. Bei einem Gewitter gibt es etwa 1000 Blitzschläge in der Stunde. Dass der Blitz nie zweimal an derselben Stelle einschlägt, ist nicht wahr: Das Empire State Building in New York wird etwa 100-mal im Jahr vom Blitz getroffen, einmal sogar 15-mal in 15 Minuten.

BLITZARTEN

Ein sich verästelnder Erdblitz über einem nächtlichen Stadtgebiet. Der von der Wolke zum Boden verlaufende Erdblitz tritt zwischen negativ geladener Wolkenbasis und positiv geladenem Boden auf. Die anderen Blitzarten sind der Flächenblitz, der Kugelblitz, das Elmsfeuer, Blitze aus dem Oberrand einer Sturmwolke – die manchmal rote Kobolde, rote Elfen und Blue Jets genannt werden.

Es gibt mindestens sechs unterschiedliche Blitzarten, eine jede mit ihren eigenen Charakteristika und Farben. Wetterleuchten ist der Widerschein weit entfernter Gewitter oder von Linienblitzen, die sich im Inneren einer Wolke entladen. Man nimmt keine einzelnen Blitzschläge wahr, sondern nur ein Aufleuchten der Wolke. Wetterleuchten ist die am häufigsten auftretende Blitzart. Der Linienblitz bewegt sich von Wolke zu Boden (Erdblitz), von Boden zu Wolke oder von Wolke zu Wolke (Wolkenblitz). Der Blitz wandert in zwei Richtungen. Bei der Vorentladung wird in einer Zickzackbewegung der Blitzkanal aufgebaut, der – beim Erdblitz – die Verbindung zwischen Wolke und Boden herstellt. Darauf folgt Sekundenbruchteile später die Hauptentladung von unten nach oben über den gerade geschaffenen Kanal. Der Linienblitz richtet die meisten Zerstörungen an, beschädigt Gebäude und kann sogar Mensch und Tier töten.

Oben: Eine Böenwalze bildet sich, wenn vom Regen abgekühlte Gewitterluft unter die Wolke absinkt und unter ihr hervorströmt. Dadurch wird Warmluft über die Wolke geschoben und bildet eine Kante, die sich über die gesamte Länge des Sturmsystems erstrecken kann.

Unten: Die intensive Hitze des Blitzes dehnt die Luft explosionsartig aus, dann zieht sie sich wieder zusammen; dabei entsteht Donner. Drittelt man das Sekundenintervall zwischen Blitz und Donner, ergibt sich die ungefähre Entfernung des Blitzes in Kilometern.

Oben: Gewitter treten bei feuchtwarmer Witterung und in Verbindung mit dunklen Kumulonimbuswolken auf.

Unten: Ein Superzellengewitter ist ein schwerer, langlebiger Sturm, in dem sich Windgeschwindigkeit und -richtung mit der Höhe ändern. Kennzeichnend sind ein starker rotierender, warmer Aufwind, Mesozyklone genannt, und ein separater kalter Abwind. Die Stürme bringen sintflutartige Regengüsse und Hagel mit sich. Aus einer Mesozyklone hervorgehende Tornados werden als Superzellentornado klassifiziert.

HURRIKANE

Der verheerende Hurrikan Katrina, der 2005 die Karibik und die Südstaaten der USA heimsuchte, rief die Zerstörungskraft tropischer Wirbelstürme wieder ins Gedächtnis. Sie entstehen im Atlantischen, Pazifischen und Indischen Ozean in der Tropenzone zwischen den beiden Wendekreisen. Je nach Entstehungsregion tragen sie einen anderen Namen: In der Karibik heißen sie Hurrikan, im Nordwestpazifik Taifun, im Indischen Ozean Zyklon, und in Nordaustralien werden sie manchmal Willy-Willy genannt. Tropische Wirbelstürme entstehen bei Meerestemperaturen von mindestens 26 °C, Feuchtigkeit und leichtem Wind. Die Wirbelsturmsaison dauert im Atlantik von Juni bis Ende November und im Pazifik von Mitte Mai bis Ende November. Etwa 80 tropische Wirbelstürme treten jährlich auf, davon etwa 35 in Süd- oder Südostasien, 25 in der Karibik und den USA, der Rest im südlichen Indischen Ozean und im Pazifik. In einer normalen Saison entwickeln sich neun oder zehn dieser Stürme zum Orkan weiter und davon wiederum vier bis fünf zum schweren Orkan. Sie haben gewaltige Ausmaße mit einem Durchmesser von oft 200 bis 700 km und können von einigen Tagen bis zu einer Woche oder länger andauern.

Starke Winde fegen durch Palmen. Ein Hurrikan der Kategorie 3 erreicht 178 bis 210 km/h.

ENTSTEHUNG DES HURRIKANS

Am 25. August 2005 kämpfen Passanten in Fort Lauderdale in Florida gegen die heftigen Windböen von Hurrikan Katrina. Zwei Menschen wurden von umstürzenden Bäumen erschlagen. Größeren Schaden richtete Katrina jedoch weiter im Westen an, als der Sturm an der Küste des Golfes von Mexiko erneut auf Land traf. Er verwüstete die Küstengebiete von Mississippi und Louisiana. Die unter Meeresniveau liegende, arme Hafenstadt New Orleans ging in verschmutzten Fluten unter, und Hunderte Menschen starben.

Die dicke Wolkendecke, an der man den tropischen Wirbelsturm vom Weltraum aus erkennt, enthält große Mengen Wasserdampf und bringt extrem starken Regen mit sich. Im Sturmzentrum befindet sich das Auge, ein wolkenfreier, windarmer Bereich, der bis zu 50 km im Durchmesser erreichen kann. Hier sinkt die Luft ab und erwärmt sich, was Hochdruck, Windstille und ein Aufreißen der Wolkendecke bedeutet – eine kurze Pause, bevor der restliche Sturm seinen Lauf nimmt. Nähern sich die starken Winde dem Land, nimmt eine weitere todbringende Sturmkomponente Gestalt an: die Flutwelle. Durch den Druckfall im Wirbelsturm wird die Meeresoberfläche angehoben, und die heftigen Winde treiben das Wasser in einer riesigen Welle vor sich her. Sie kann sich bis zu 6 m über den normalen Meeresspiegel aufbäumen, nach Erreichen der Küstenlinie viele Hundert Meter in das flache Landesinnere hineinfluten und großräumig Überschwemmungen verursachen.

MESSUNG DES HURRIKANS

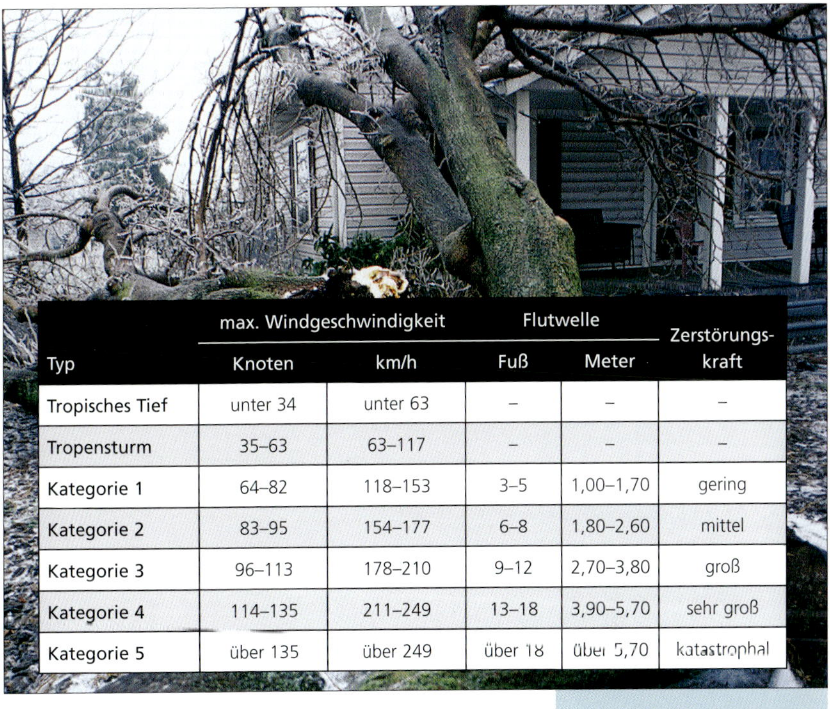

Typ	max. Windgeschwindigkeit		Flutwelle		Zerstörungs-kraft
	Knoten	km/h	Fuß	Meter	
Tropisches Tief	unter 34	unter 63	–	–	–
Tropensturm	35–63	63–117	–	–	–
Kategorie 1	64–82	118–153	3–5	1,00–1,70	gering
Kategorie 2	83–95	154–177	6–8	1,80–2,60	mittel
Kategorie 3	96–113	178–210	9–12	2,70–3,80	groß
Kategorie 4	114–135	211–249	13–18	3,90–5,70	sehr groß
Kategorie 5	über 135	über 249	über 18	über 5,70	katastrophal

Die Intensität eines Hurrikans misst man anhand von Windgeschwindigkeit, Luftdruck und Höhe der Flutwelle. Auf der fünfstufigen Saffir-Simpson-Skala ist 5 die schwerste Kategorie – diese Stürme haben die verheerendsten Folgen, wenn sie Land erreichen. Bei Kategorie 5 überschreiten die Windgeschwindigkeiten 249 km/h, und die Flutwelle erhebt sich mehr als 5,70 m über den normalen Wasserspiegel. Der Atlantik wird etwa von der amerikanischen Wetter- und Meereskundebehörde NOAA überwacht. Dabei wird alle verfügbare Technik herangezogen – Wettersatelliten, Wettererkundungsflugzeuge, Radargeräte und Sonden ebenso wie Wetterschiffe. Schließlich hängen Leben und Lebensunterhalt vieler davon ab, dass den Sturmwarnern nichts entgeht.

Ein Hurrikan ist eine der zerstörerischsten Naturgewalten überhaupt. Die Sturmböen fegen mit bis zu 300 km/h dahin, während bis zu 6 m hohe Flutwellen zusammen mit starken Regengüssen schwere Überschwemmungen verursachen. Erreicht der Hurrikan Land, verlässt er seine Energiequelle, das warme Meer, und verliert an Stärke.

AUFSPÜREN DES HURRIKANS

Blick aus einem Flugzeug der Hurrikanjäger der US Air Force auf das Auge von Hurrikan Floyd. Das Hercules-Flugzeug ist mit Geräten zur Erfassung von Wetterparametern wie Windgeschwindigkeit, Feuchtigkeit und atmosphärischem Druck ausgerüstet. Die Daten werden an die Basis übermittelt, wo der Sturmverlauf per Computermodell vorausberechnet wird. Die Modelle haben eine Genauigkeit von 70 % und werden auch herangezogen, um den Schaden beispielsweise durch Evakuierungen gering zu halten.

Auf den Ozeanen halten spezielle Hurrikanwarndienste nach jedem Anzeichen von Sturmbildung Ausschau. Sofort nach Dateneingang werden Vorhersagen erstellt und die Ergebnisse über verschiedene Medien an alle gefährdeten Gemeinden und Schiffe auf See herausgegeben. Bevorzugte Informationsquellen sind Radio und Fernsehen und in jüngster Zeit auch das Internet. Auch von Telefon- und SMS-Diensten wird Gebrauch gemacht, während die Schiffe auf See über Satellit per Fax- und Radiomeldungen benachrichtigt werden. In den Küstenorten mancher Länder warnen Sirenen vor einem herannahenden Hurrikan, woraufhin Evakuierungs- und andere Vorsorgemaßnahmen ausgelöst werden. In den USA bietet die Website des Hurrikanzentrums Hinweise und Informationen für alle potenziell gefährdeten Bereiche, von Vorsorgemaßnahmen wie dem Sichern des Hauses bis hin zum Evakuierungsablauf.

HURRIKANNAMEN

Computerdarstellung eines Hurrikans (weißer Wolkenwirbel, oben) anhand von Satellitendaten; Norden ist oben. Heute sind alphabetische Listen mit je 21 Namen in Gebrauch, die im Turnus wechseln. Sie umfassen englische, französische und spanische Männer- und Frauennamen, entsprechend der Hauptsprachen der am häufigsten von Hurrikanen heimgesuchten Länder.

Jahrhundertelang wurden Hurrikane in der Karibik nach den katholischen Heiligen benannt, an deren Namenstag sie aufgetreten waren. Im späten 19. Jahrhundert benannte dann der australische Meteorologe Clement Wragge Wirbelstürme erstmals nach Freunden, Politikern, die er nicht ausstehen konnte, historischen Persönlichkeiten und mythologischen Figuren. Später benutzte man Breiten- und Längenangaben, um die tropischen Wirbelstürme zu benennen, doch dieses Verfahren erwies sich als ebenso langwierig wie fehlerträchtig. Deshalb kehrten britische Militärmeteorologen im Zweiten Weltkrieg zum Namenssystem zurück und registrierten die Stürme unter Frauennamen. Um jede Verwechslungsgefahr auszuschalten, benannten die US Army und Navy die Hurrikane nach dem gemeinsam benutzten Funkalphabet, 1950 erhielt Abel als erster Hurrikan so seinen Namen. Mit der Einführung des Internationalen Buchstabieralphabets 1953 kehrte das amerikanische Hurrikanzentrum zu Frauennamenslisten zurück. Nachdem ihr Sexismus vorgeworfen worden war, ergänzte die für die Hurrikannamen verantwortliche Weltorganisation für Meteorologie im Jahr 1979 ihre Listen um Männernamen.

TORNADOS

Ein Tornado ist eine rasch rotierende Luftsäule und tritt meist mit Gewittern auf. Im Allgemeinen ist er klein – mit einem Durchmesser von einigen Metern, manchmal auch mehreren Hundert – und dauert von einigen Minuten bis zu einer Stunde, eventuell auch länger. Die Mechanismen, die diese Stürme entstehen lassen, sind noch längst nicht geklärt. Es wird aber vermutet, dass Tornados durch den Kontakt von trockener Kaltluft mit feuchtwarmer Luft entstehen, wie das z. B. an einer Kaltfront der Fall ist. Dort können sich mächtige Gewitter bilden und örtlich starke Aufwinde hervorbringen. Mit der Höhe ändert der Wind die Richtung, und die Aufwinde beginnen zu rotieren, weiten sich nach unten aus und führen zu der charakteristischen Trichterform. Bei günstigen Bedingungen gelangt der Trichter bis zum Boden und wird dann zum Tornado. Durch den niedrigen Druck in der Luftsäule kondensiert Wasserdampf und macht den Tornado sichtbar.

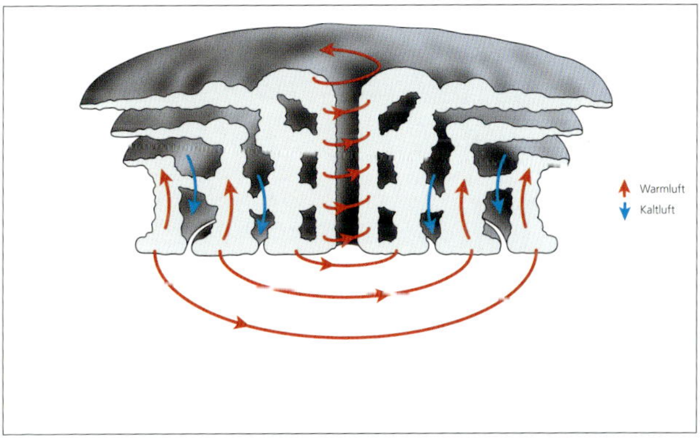

Oben: Darstellung eines Tornados. Charakteristisches Merkmal eines Tornados ist der Wind, der mit Geschwindigkeiten von über 400 km/h kreist. In seinem Inneren sorgen mächtige Aufwinde für starken Druckabfall am Boden. Die Winde außerhalb der Säule rotieren auf der Nordhemisphäre gegen den Uhrzeigersinn, auf der Südhemisphäre im Uhrzeigersinn.

Die meisten Tornados treten in den USA auf, wo große Landmassen und starke Temperaturunterschiede zwischen Luftmassen ihre Bildung begünstigen.

TORNADO ALLEY

Der stärkste Einzeltornado in den USA zog im Mai 1999 über Oklahoma und Kansas hinweg. Die Windgeschwindigkeiten von 511 km/h zählen zu den höchsten jemals gemessenen und kosteten 46 Menschen das Leben. Der geschätzte Schaden betrug über eine Milliarde Dollar.

Am häufigsten wird der Mittlere Westen der USA von Tornados heimgesucht. Die Tornado Alley ist deshalb so anfällig, weil sie zwischen dem feuchtwarmen Golf von Mexiko und der trockenen Kaltluft der Rocky Mountains liegt und damit die Entstehung von gewaltigen, bis zu 18 km aufragenden Kumulonimbuswolken begünstigt. Manchmal ballen sich diese zusammen und bilden Superzellen, aus denen die gefährlichsten, von Gewittern und Hagelschauern begleiteten Tornados hervorgehen. Im April 1974 kam es unter solchen Bedingungen zur größten Tornadohäufung in der Geschichte der USA. In nur 18 Stunden zogen 148 Tornados durch 13 amerikanische Bundesstaaten, töteten dabei 330 Menschen und verletzten über 5300. Frühzeitige Tornadowarnungen haben verhindert, dass die Zahl der Opfer nicht noch höher lag.

MESSUNGEN VON TORNADOS

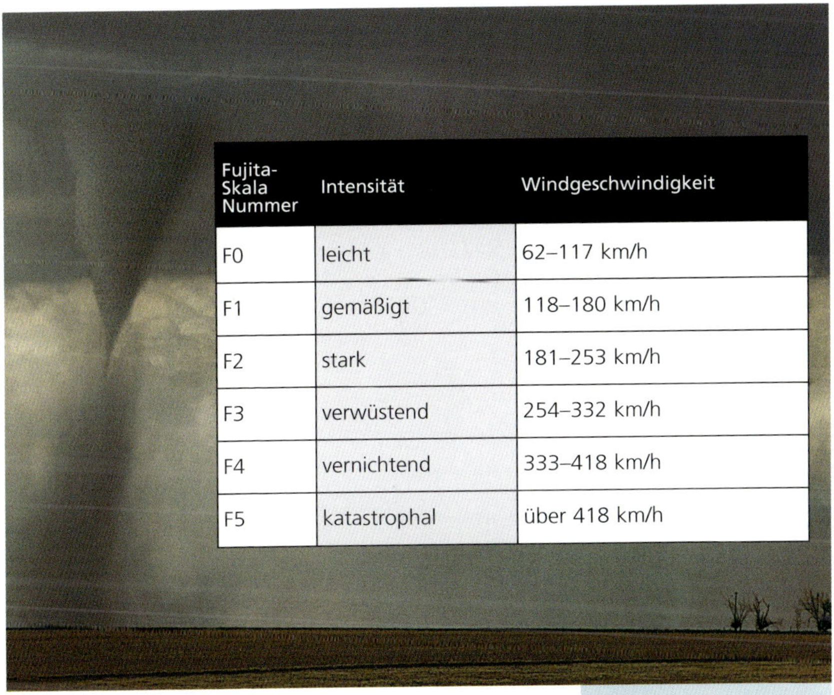

Fujita-Skala Nummer	Intensität	Windgeschwindigkeit
F0	leicht	62–117 km/h
F1	gemäßigt	118–180 km/h
F2	stark	181–253 km/h
F3	verwüstend	254–332 km/h
F4	vernichtend	333–418 km/h
F5	katastrophal	über 418 km/h

In den USA ordnet man Tornados anhand der sechsstufigen Fujita- oder F-Skala ein, die von 0 bis 5 reicht, während in Europa die von 0 bis 10 reichende Torro- oder T-Skala gebräuchlich ist. Bei beiden Skalen folgt die Klassifizierung der gemessenen Windgeschwindigkeit. Der zerstörerischste Tornado in den USA trat im März 1925 in der Tornado Alley auf, als ein F5-Tornado Missouri, Illinois und Indiana verwüstete und 695 Tote und 2027 Verletzte zurückließ. Daraufhin flossen Gelder in die Erforschung der meteorologischen Bedingungen für die Tornadobildung. Bevorzugte Informationsquellen sind Radio und Fernsehen und in jüngster Zeit auch das Internet. In den USA bietet die Website des Hurrikanzentrums Hinweise und Informationen für alle potenziell gefährdeten Bereiche, von Vorsorgemaßnahmen wie dem Sichern des Hauses bis hin zum Evakuierungsablauf.

Ein Tornado ist definiert als lokaler, extrem zerstörerischer Wirbelsturm, der über Land auftritt und sich durch eine trichterförmige, bis an den Boden reichende Wolke auszeichnet.

STURMJÄGER

Die meisten Sturmjäger agieren auf den Great Plains in den USA, aber auch in Australien, Israel und vielen europäischen Ländern widmen sich Gruppen und Einzelpersonen dieser Tätigkeit. Ihr Erfolg ist so groß, dass Abenteuerlustige in Amerika heute sogar einen Sturmjägerurlaub buchen können.

Das Auftreten von Tornados lässt sich nur schwer vorhersagen, da ihr Entstehungsprozess nicht endgültig geklärt ist. Fest steht jedoch, dass sie sich bei günstigen Bedingungen fast überall bilden können. Nationale Wetterdienste überwachen potenzielle Gefahrenlagen, um rechtzeitig Tornadowarnungen an die Medien herausgeben zu können. Die Wetterdienste nutzen modernste Technik, darunter auch Radargeräte und Satelliten. Trotzdem haben unerschrockene Wissenschaftler es sich zur Aufgabe gemacht, mithilfe von speziell ausgerüsteten Fahrzeugen tornadoträchtige Wetterlagen zu erkunden. Diese Sturmjäger verfolgen Tornados und sammeln dabei wertvolles Dokumentationsmaterial. Ihre Arbeit erlaubt eine zuverlässigere Tornadovorhersage, präzisere Warnmeldungen und verbesserte Schutzmaßnahmen.

WASSERHOSEN

Man unterscheidet zwei Arten von Wasserhosen. Die gefährlichere der beiden ist die mesozyklonale Wasserhose, die häufig über Land als konventioneller Tornado beginnt und dann auf das Meer hinauszieht. In der Entstehung unterscheidet sie sich deutlich von den häufiger auftretenden nichtmesozyklonalen Wasserhosen. Sie sind mit den an heißen Sommertagen auf dem Land auftretenden Sand- oder Staubteufeln vergleichbar. Wasserhosen vom nichtmesozyklonalen Typus bilden sich im Spätsommer oder Frühherbst, wenn die Wassertemperatur ihren Maximalwert erreicht, über dem offenen Meer oder auf großen Seen. Wenn kalte Luftmassen über dem warmen Wasser Feuchtigkeit aufnehmen, entstehen starke Konvektionsströme, aus denen Wasserhosen hervorgehen können.

Eine gewaltige Wasserhose im Gebiet des Bermudadreiecks. Die trichterförmige Wolken- und Wassermasse ist einem Tornado über dem Meer vergleichbar. Eine Wolke in Form eines umgekehrten Kegels wächst aus einer Kumulonimbuswolke herab, bis sie auf einen aus dem Meer aufsteigenden Kegel aus zerstäubtem Wasser trifft. Zwischen Meer und Wolke entsteht eine Wassersäule. Die Wasserhose kann mehrere Hundert Meter hoch sein und bis zu einer halben Stunde bestehen.

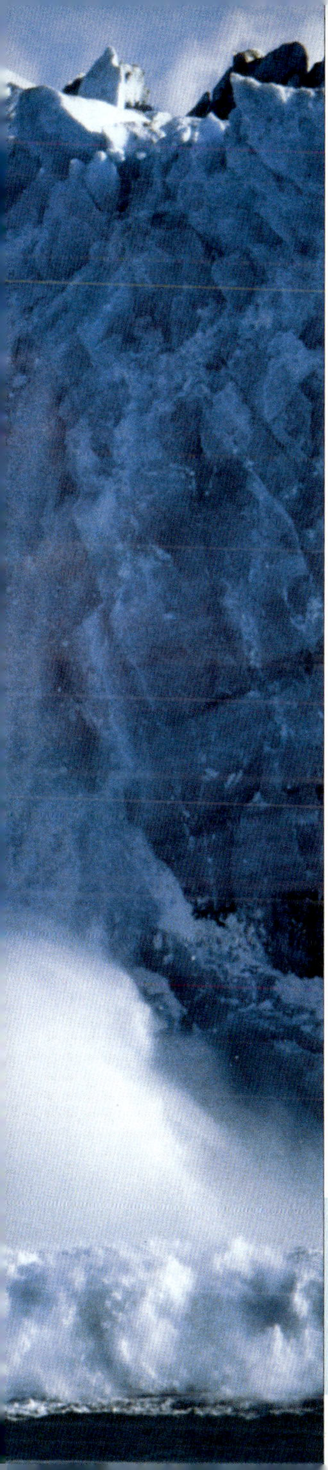

LAWINEN

Lawinen, bei denen große Schnee- oder Erdmassen einen Berghang hinabgleiten, sind eine saisonal auftretende Gefahr. Kommen verschiedene Faktoren zusammen, steigt die Wahrscheinlichkeit von Lawinen. Der Hauptfaktor ist starker Schneefall. Er häuft große Schneemengen auf, die sich unter dem Einfluss von Winden an den Berghängen sammeln. Bei ausgeprägtem Schichtenaufbau nimmt auch die Lawinengefahr zu. Bei starkem Schneefall macht das zusätzliche Gewicht des Neuschnees die Altschneeschichten instabil. Die Schneemassen verfestigen sich erst nach einiger Zeit. Gerade die ersten 24 Stunden nach einem Schneesturm sind deshalb besonders kritisch. Auch Regen macht den Altschnee schwerer und erzeugt eine Art Rutschbahn für die oberen Schneeschichten. Je steiler die Hangneigung, desto größer das Risiko einer Lawine. Ebenso spielt die Ausrichtung des Hanges eine Rolle: So ist ein Südhang z. B. wärmer und gefährdeter. Im Februar 1999 kamen in der Tiroler Gemeinde Galtür 31 Menschen durch eine gewaltige Lawinenserie ums Leben. Ursache waren massiver Schneefall – bis zu 40 cm am Tag – und starke Winde. Gegen Ende desselben Jahres gingen in der Region erneut Lawinen ab, bei denen 14 Personen verschüttet wurden. Zwischen 1998 und Anfang 2000 verzeichnete Österreich 56 Lawinen mit 50 Toten und 70 Verletzten. Österreich und die alpinen Regionen von Frankreich, Schweiz und Italien werden besonders häufig von Lawinenunglücken getroffen.

Lawinen treten auf, wenn sich große Schnee- und Eismassen lockern und den Hang hinabrasen. Sie können verheerend sein, denn nicht nur die Lawine selbst, sondern auch die vorausgehende Luftdruckwelle kann Gebäude zum Einsturz bringen, bevor sie von der Lawine erfasst werden.

SCHNEE- UND EISSTÜRME

Der schlimmste Eissturm im Gebiet der Großen Seen in Kanada und den USA ereignete sich Anfang Januar 1998. In Montreal fiel in 80 Stunden so viel Eisregen wie sonst in zwei Jahren. 28 Menschen starben – meist an Unterkühlung –, 945 wurden verletzt, 600 000 wurden evakuiert und vier Millionen Haushalte waren ohne Strom.

Bei Winterunwettern bricht regelmäßig Chaos aus. Im Jahr 1993 zog ein schwerer Schneesturm, ein Blizzard, die Hälfte der Bevölkerung in 26 US-Bundesstaaten in Mitleidenschaft. Neben dem Süden Kanadas war selbst Mexiko betroffen. Es starben 270 Menschen, und weitere 48 wurden auf See vermisst gemeldet. Die Schneemassen lagen bis zu 4,5 m hoch, gefallen waren allerdings bis zu 15 m Neuschnee. In Alabama fiel bei dem Jahrhundertblizzard so viel Schnee wie sonst im ganzen Winter. Was also ist ein Blizzard? Die gebräuchlichste Definition nennt eine Sichtweite bis 400 m für mindestens vier Stunden in Folge, Niederschlag in Form von Schnee oder Eis sowie Windgeschwindigkeiten von mindestens 56 km/h – dies entspricht Windstärke 7 auf der Beaufortskala. Ursache für das Phänomen sind polare Tiefdruckgebiete.

HAGELSTÜRME

Im Mai 2000 suchte der schlimmste Hagelsturm seit über dreißig Jahren Teile von Illinois in den USA heim. Vom Himmel prasselten golf- bis tennisballgroße Hagelbrocken. Etwa 100 000 Häuser wurden beschädigt, der Zugverkehr kam zum Erliegen, und über hundert Flüge wurden abgesagt. Mancherorts lagen die Hagelkörner über 8 cm hoch. Ein schweres Hagelunwetter auf der chinesischen Insel Hainan forderte 25 Todesopfer und Hunderte Verletzte. Hagelkörner dieser Größe sind relativ selten, kleinere, die weniger Schaden anrichten, dagegen sehr verbreitet. Die Eisklumpen messen normalerweise nur wenige Millimeter, können aber durchaus bis zu 15 cm anwachsen und mehr als 1 kg wiegen. Erbsen- bis golfballgroße Hagelkörner sind bei schweren Hagelstürmen nicht ungewöhnlich.

Eine Hagelwolke in der Black Rock Desert in Nevada. Hagel bildet sich im Inneren von Kumulonimbuswolken infolge von heftigen Konvektionsströmen. Regen- oder Schneepartikel werden in der Wolke senkrecht in die Höhe befördert und stoßen mit unterkühlten Wasser- und anderen Teilchen zusammen. Diese Kollisionen lassen die Teilchen aneinanderhaften. Werden sie zu schwer, fallen sie zur Erde.

MONSUNE

Wenn die Monsune, die eigentlich zuverlässig Niederschläge bringen, einmal verspätet kommen oder geringer ausfallen als erwartet, sind Missernten und Hungersnöte die Folge. In einem Land wie Indien, wo gegenwärtig eine Milliarde Menschen leben und für das eine Einwohnerzahl von über 1,4 Milliarden für 2025 prognostiziert wird, können selbst geringfügige Abweichungen beim Niederschlag katastrophale Folgen haben. Über die Hälfte der Weltbevölkerung ist von den in Asien, Afrika und Australien auftretenden Monsunregen abhängig. Die ergiebigen Regenfälle prägten für Südasien auch den Begriff Monsunasien, denn wir verbinden dieses Wetterphänomen vor allem mit Indien, Pakistan und Bangladesch. Über 75 % des indischen Jahresniederschlags fällt in der Monsunzeit. Während des Winters in der nördlichen Hemisphäre intensiviert sich ein Kältehoch über Sibirien und verursacht starke, in Richtung Äquator wehende Winde. Diese Nordostwinde sind trocken, bis sie über das Südchinesische Meer streichen, Feuchtigkeit aufnehmen und in Südostasien zum Wintermonsun werden. Im Sommer dagegen zieht ein Hitzetief über Zentralasien Südostpassate an, die sich bei Überqueren des Äquators ablenken und als Südwestmonsun starke Regenfälle nach Südasien bringen.

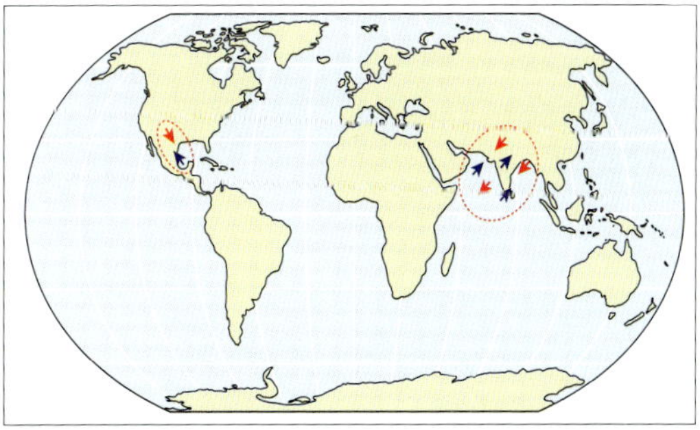

Monsungebiete

Wintermonsune
Sommermonsune

Monsunüberschwemmung in den indischen Ebenen. Die Felder sind fast ganz von den Wasserfluten bedeckt. Der Sommermonsun weht in Indien von Juni bis Oktober. Am markantesten tritt das Phänomen in Süd- und Südostasien auf, vor allem in Indien, Bangladesch, Myanmar (Birma), Thailand und auf den Philippinen.

ÜBERSCHWEMMUNGEN

Luftaufnahme des Sturmflutwehrs der Themse. Insgesamt misst es 523 m in der Länge. Die Tore werden bei Überschwemmungsgefahr oder für Instandhaltungsarbeiten geschlossen. Beim Schließen der Sperrwerke wird ein Teil der oberen Themse mit langen Stahlwänden abgesperrt.

Man unterscheidet grob zwei Arten von Überschwemmungen – das Hochwasser an einem Fluss und die Sturzflut. Beim Flusshochwasser steigt der Wasserpegel meist durch lang andauernde, starke Regenfälle, etwa beim Durchzug eines Frontensystems, oder nach der Frühlingsschneeschmelze. Auslöser für eine Sturzflut sind dagegen kurze intensive Regengüsse. Etwa 40% aller Opfer von Naturkatastrophen sind Wasserfluten anzulasten: In den USA rangieren Überschwemmungen mit durchschnittlich 84 Toten zwischen 1984 und 2003 auf Platz zwei. Schon 15 cm hohes, schnell strömendes Wasser kann einen Menschen gefährden, und bereits 60 cm hohe Sturzbäche können Autos wegspülen. Überschwemmungen sind in Stadtgebieten oft heftiger, denn dort treten häufig Sommergewitter auf. Der Boden, der großflächig mit Asphalt versiegelt ist, lässt das Regenwasser nicht einsickern. Städte werden bewusst oft so gestaltet, dass Regenwasser schnell in die Flüsse geleitet wird, doch damit nimmt das Hochwasserrisiko zu.

MISSISSIPPI-HOCHWASSER

Hochwasser am Mississippi 1912. Der Mississippi ist der größte Strom Nordamerikas und legt von Norden nach Süden mehr als 3700 km zurück. Er hat das drittgrößte Einzugsgebiet der Erde. Starke Regenfälle können flussabwärts massive Hochwasser auslösen, bei denen viel Vieh ertrinkt. Einige der schlimmsten Überschwemmungen in Amerika ereigneten sich am Mississippi, so auch die große Mississippiflut von 1927.

Hochwasser sind eine natürliche Erscheinung in Uferzonen. Das alljährlich wiederkehrende Nilhochwasser war wichtig für die Bauern, weil es fruchtbare Schwemmerde auf den überfluteten Äckern ablagerte. Der Mississippi in den USA tritt ebenfalls regelmäßig über die Ufer; zum Problem entwickelte sich dies aber erst mit der Besiedlung der Überschwemmungsgebiete ab Ende des 19. Jahrhunderts. Heute gehen – nicht immer von Erfolg gekrönt – immense Geldsummen in den Hochwasserschutz flussnaher Gebiete.

FLUTEN IN BANGLADESCH

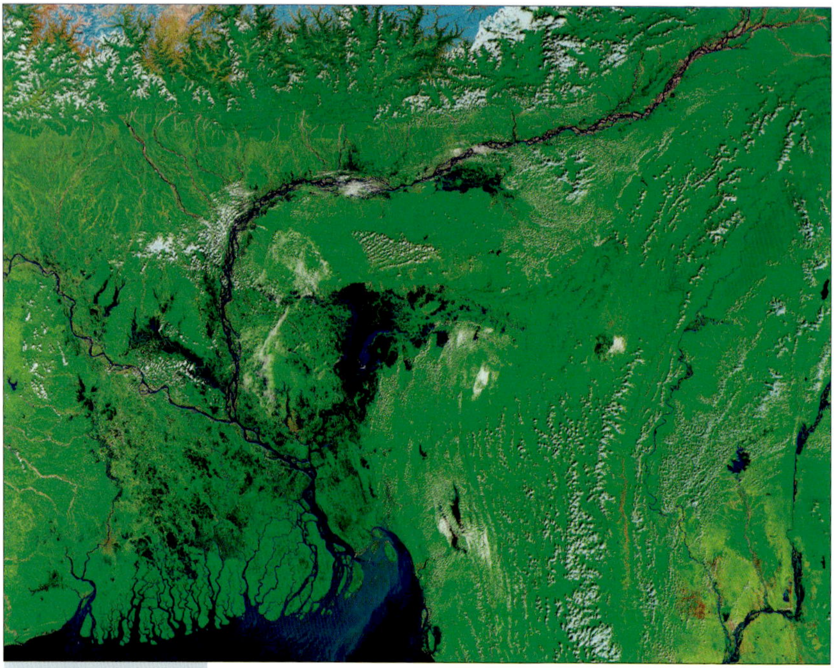

Falschfarbenbild von Monsunüberschwemmungen in Bangladesch (Mitte) und Indien (ganz links). Die Flüsse sind über die Ufer getreten, und die Ufergebiete von Ganges (links) und Brahmaputra (rechts) haben sich mit Wasser vollgesogen. Stehendes Wasser erkennt man vor allem bei Dhaka (Mitte), der Hauptstadt von Bangladesch.

Das kleine Bangladesch in Asien wird wohl am häufigsten von schweren Überschwemmungen heimgesucht. Ursache ist die Lage des Landes. Bangladesch liegt an der Spitze des Golfes von Bengalen, wo dieser sich zum Gangesdelta verengt. Im Norden erstreckt sich die Himalajakette mit ihren permanenten Eis- und Schneefeldern. Etwa 150 Flüsse winden sich durch das Land, darunter der Ganges und seine beiden Nebenflüsse Brahmaputra und Meghna. Über die Hälfte des Landes liegt weniger als 5 m über Meeresniveau und ist jährlich sintflutartigem Monsunregen ausgesetzt. Mit einer Bevölkerung von 140 Millionen Menschen ist Bangladesch eines der am dichtesten besiedelten Länder der Welt und zugleich eines der ärmsten. Viele Bewohner leben am Existenzminimum in der hochwassergefährdeten Deltaregion, wo sich die Lage der Inseln und Nebenarme permanent verändert. Die Hochwasser liefern das für die Bewässerung der Felder erforderliche Wasser und lagern fruchtbare Schwemmerde ab.

HOCHWASSER IN EUROPA

Im August 2002 standen weite Landstriche in Ostdeutschland, Österreich und Tschechien bis nach Rumänien unter Wasser. Schwer in Mitleidenschaft gezogen wurde auch Prag. Ein langsam vorrückendes Frontensystem, das bereits Westeuropa heimgesucht hatte, sorgte für starke Regenfälle in den Einzugsgebieten von Elbe, Donau und Moldau. Die Niederschläge erreichten in Deutschland örtlich bis dahin unbekannte Werte. In Dresden stieg der Elbpegel auf 9,40 m bei einem Normalstand von 2 m. Die Elbeflut von 2002 war mit Schäden in Höhe von 9 Milliarden Euro die kostspieligste Naturkatastrophe in der Geschichte Deutschlands und forderte mindestens 20 Menschenleben. Der Grund für diese Hochwasser ist nicht geklärt. Vermutet wird aber ein Zusammenhang mit dem Warmwasserstrom El Niño, der tief greifende Auswirkungen auf die globalen Wettermuster hat.

In Europa sind Überschwemmungen die häufigste Naturkatastrophe. Zwischen 1975 und 2001 wurden hier 238 größere Fluten aufgezeichnet. Seit 1990 forderten sie etwa 2000 Menschenleben und machten 400 000 obdachlos.

STURZFLUTEN

Sturzfluten sind per se unberechenbar und lebensgefährlich. Sie werden innerhalb weniger Stunden durch starken Regen ausgelöst, wie er bei Unwettern wie einem Sommergewitter als kurzer, aber intensiver Guss über einem begrenzten Areal niedergeht. Steigt feuchte Luft an Bergketten auf und wird vom Wind in einem kleinen Bereich gehalten, entlädt sie fast ihre gesamte Feuchtigkeit über den Berghängen. Von der Sonne ausgetrockneter Boden nimmt aber kein Regenwasser auf, und so muss das talwärts rinnende Wasser auf seinem Weg zu Flüssen und Meeren über die Oberfläche abfließen. Gerade in Wüstengebieten kommt es immer wieder zu Sturzfluten: Dort, wo der gefallene Regen nicht schnell in der trockenen, ausgedörrten Erde versickern kann, verwandelt sich ein Trockental oder Wadi in Minutenschnelle in einen reißenden Sturzbach. In den Wüsten Nordamerikas sterben mehr Menschen durch Ertrinken als an Austrocknung oder Überhitzung. Sturzfluten schießen oft in rasantem Tempo völlig überraschend voran, reißen alles mit sich und lösen Erdrutsche aus. In Shadyside in Ohio kam es im Juni 1990 zu einer Sturzflut, als 10 cm Regen in weniger als zwei Stunden fielen und eine 9 m hohe Wasserwand das Appalachental hinabrauschte. Es starben 26 Menschen, die entstandenen Schäden beziffern sich auf sechs bis acht Millionen Dollar.

Große Wassermassen stürzen den Bisagno in Genua hinab.

DÜRRE

Ein in Dünen gestrandetes Schiff am Aralsee. Der Aralsee ist ein Binnensee zwischen Kasachstan und Usbekistan. Seine Zuflüsse wurden ab den 1930er-Jahren zur Bewässerung von Baumwollfeldern teilweise umgeleitet. Der See begann infolge von Verdunstung zu schrumpfen und hat seine Fläche seit den 1960er-Jahren halbiert. Der Salzgehalt hat dramatisch zugenommen und das Ökosystem geschädigt. Die einst blühenden Fischerdörfer sind heute verlassene Geisterstädte.

Eine Dürre definiert man am besten als erhebliche Unterschreitung der gewohnten Niederschlagsmenge. Genauer lässt es sich kaum formulieren – in Nordamerika gilt ein Zeitraum von mindestens einem Monat mit weniger als 30% des Normalniederschlags als Dürre, in einigen Teilen Europas aber schon eine dreiwöchige Periode ohne Regen. In manchen Ländern ist Dürre schon zur Lebensweise geworden; sie ist ein seit Jahrhunderten auftretendes Naturrisiko, auf das sich die dort lebenden Menschen eingestellt haben. In anderen Ländern haben periodische Dürren verheerende Folgen: Missernten, Hungersnöte, Hitzetote, durch Unterernährung bedingte Krankheiten, wirtschaftliche Schäden in Milliardenhöhe. Die Auswirkungen auf die Umwelt wie Bodenerosion, Zerstörung der heimischen Vegetation und der Tierhabitate sind ähnlich schwerwiegend. Andauernde Trockenheit schafft zudem Idealbedingungen für Buschbrände und Staubstürme.

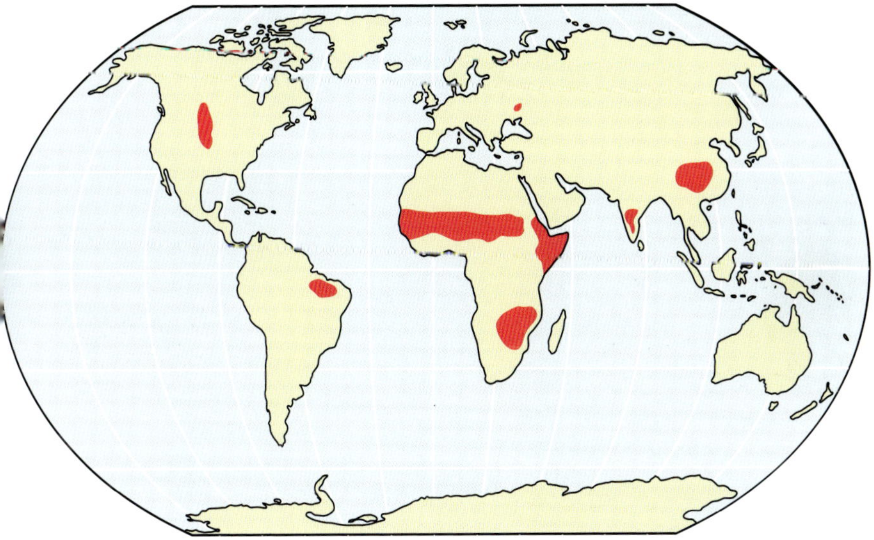

In der Sahelzone südlich der Sahara regnet es nur unregelmäßig. Die wenigen Bewohner der Region haben sich darauf eingestellt und im Laufe der Jahrhunderte entsprechende Strategien entwickelt. Die anhaltende Dürre in den 1970er- und 1980er-Jahren führte dennoch z. B. in Nordäthiopien zur Katastrophe. Tausende Menschen verdursteten, und viele zehntausend mussten zeitweise oder auch auf Dauer umgesiedelt werden. In den 1930er-Jahren suchten wiederholt Dürren den Mittleren Westen der USA heim. Ungeeignete Landwirtschaftstechniken verschärften die Folgen des Regenmangels noch. So war die Grasnarbe der Great Plains tief umgepflügt worden und ergab bei ausreichend Niederschlag auch reiche Getreideernten. Als aber die Trockenheit einsetzte, verödete das Land, und der bloß liegende Boden war dem Wind schutzlos ausgesetzt. Viele Farmer sahen keinen anderen Ausweg, als ihre Höfe aufzugeben, den Mittleren Westen zu verlassen und z. B. in Kalifornien ein neues Leben zu beginnen. Damit hatte die Dürre auch tief greifende soziale und politische Einschnitte zur Folge.

Dürrebedrohte Risikogebiete sind rot gekennzeichnet. In Ländern mit häufiger Trockenheit ist die Bevölkerung darauf eingestellt. Längere oder unerwartete Dürreperioden bedeuten jedoch Chaos.

BUSCHBRÄNDE

Ein Buschfeuer in Kalifornien. Die meisten Brände werden durch Trockenheit und Blitzschlag verursacht. Immer häufiger entstehen sie aber auch durch Menschen, sei es durch Brandstiftung, ein nicht richtig gelöschtes Lagerfeuer oder weggeworfene Zigaretten. Selbst kleine Feuer können schnell außer Kontrolle geraten und sich in ein flammendes Inferno verwandeln.

Dieses Naturphänomen tritt am häufigsten in Australien auf, ist aber auch überall dort bekannt, wo Holz, Laub und Strauchvegetation leicht entzündbar sind, z. B. auf der Iberischen Halbinsel, in Frankreich oder in Kalifornien. Die Ursache liegt häufig in Trockenheit, Blitzschlag und zuweilen auch in menschlichem Verhalten begründet. Wo das Klima feucht genug für eine Vegetationsdecke ist und gleichzeitig heiße Trockenperioden aufweist, in denen Zweige und Blätter austrocknen, kommt es leicht zu Bränden. Das zundertrockene Material ist nach längerer Trockenheit extrem leicht entflammbar, sodass sich der winzigste Funke bei starkem Wind zu einem Waldbrand ausweitet. Im Sommer treten Waldbrände häufiger auf. Am Boden liegendes Altholz ist ein idealer Brennstoff. In den touristisch erschlossenen Arealen des Nationalparks Los Alerces in Argentinien wird Reisig regelmäßig aufgesammelt, um die Brandgefahr einzudämmen.

STAUBSTÜRME

Blick aus dem Weltraum auf die Sahara im Tschad. Oben in der Mitte erkennt man einen Sandsturm (weiß) über dem Erg von Djourab. Die Winde in dieser Region wehen überwiegend in Südwestrichtung, die auf dem Bild dem Horizont entspricht. Sie strömen zwischen den beiden dunkel erscheinenden Gebirgen Tibesti (rechts) und Ennedi (links) hindurch und haben große Streifenstrukturen auf den Ebenen entstehen lassen. Das Tibesti ist das höchste Gebirge der Sahara.

Staub- oder Sandstürme treten häufig in ariden oder semiariden Zonen wie Wüstengebieten auf. Die intensive Sonneneinstrahlung erwärmt die Oberfläche, und durch das Aufsteigen der Warmluft bildet sich ein Tiefdruckgebiet aus. Aus Bereichen höheren Druckes strömt kühlere Luft nach, und die Luftausgleichsbewegung lässt Wind entstehen. In Wüsten wie der Sahara weht der Wind manchmal so stark, dass er Sanddünen vor sich herschiebt. Die großen Sandmengen in der Luft verdüstern den Himmel und machen das Reisen schwierig, weil die Straßen nicht mehr zu erkennen sind und die Sichtweite gering ist. Der Wind kann die Oberkrume mitreißen und sie an entfernten Stellen als Staubbelag wieder absetzen. Staub- und Sandstürme tragen ihr Material Tausende Kilometer weit. Zuweilen erscheinen sie als massive, bis zu 1500 m hohe Wand.

VULKANE BEEINFLUSSEN DAS WETTER

In einer ohnehin schon kalten Epoche ragt 1816 als das „Jahr ohne Sommer“ heraus. Den Auslöser für das Extremwetter vermutet man heute im Ausbruch des indonesischen Vulkans Tambora 1815, bei dem riesige Mengen Staub, Asche und Gase in die Luft geschleudert wurden. Stoffe wie Schwefeldioxid verbanden sich zu winzigen Tröpfchen von Schwefelsäure und bildeten einen Schleier, der die Sonneneinstrahlung blockierte. Daraufhin sank die Temperatur an der Erdoberflache um bis zu 3 °C. Daneben sorgten die freigesetzten Aerosole mehrere Jahre lang für herrliche Sonnenuntergänge rund um den Erdball.

In Island warf der Vulkan Laki bei seinem Ausbruch 1783 gewaltige Lavamengen aus. Die Lavafontänen reichten mehrere Hundert Meter hoch. Der amerikanische Diplomat und Wissenschaftler Benjamin Franklin vermutete einen Zusammenhang zwischen vulkanischen Emissionen und Temperatureinbrüchen. Der Pinatubo auf den Philippinen stieß bei seinem Ausbruch 1991 enorme Mengen Schwefeldioxid – schätzungsweise 22 Millionen Tonnen – in die Stratosphäre aus. Sie verbanden sich mit Wasserdampf zu Schwefelsäureaerosolen, und diese absorbierten die Sonneneinstrahlung so stark, dass die globalen Temperaturen im folgenden Jahr um 0,5 °C absanken.

Vor nicht allzu langer Zeit, in den 1980er-Jahren, entdeckte man einen Supervulkan im Yellowstone-Nationalpark. Seine Magmakammer ist so gewaltig, dass ein Ausbruch nicht nur für die USA katastrophale Folgen haben würde. Nach Schätzungen würden die emittierten Staub- und Gasmengen die globalen Temperaturen um 5 °C absinken lassen. Hungersnöte und vielleicht sogar eine Eiszeit wären die Folge.

Die größte der Hawaii-Inseln entstand allein durch vulkanische Aktivität. Bei Vulkanausbrüchen werden große Asche- und Schwefeldioxidmengen in die Atmosphäre geschleudert und bilden dichten Dunst, der jahrelang in der Stratosphäre bleiben kann. Er absorbiert einen Teil der Sonneneinstrahlung und reflektiert einen weiteren Teil zurück in den Weltraum. Dadurch steigt die Temperatur in der Stratosphäre an, während sich die darunter gelegene Troposphäre abkühlt.

Wetterbedingte optische Phänomene

DAS LICHTSPEKTRUM

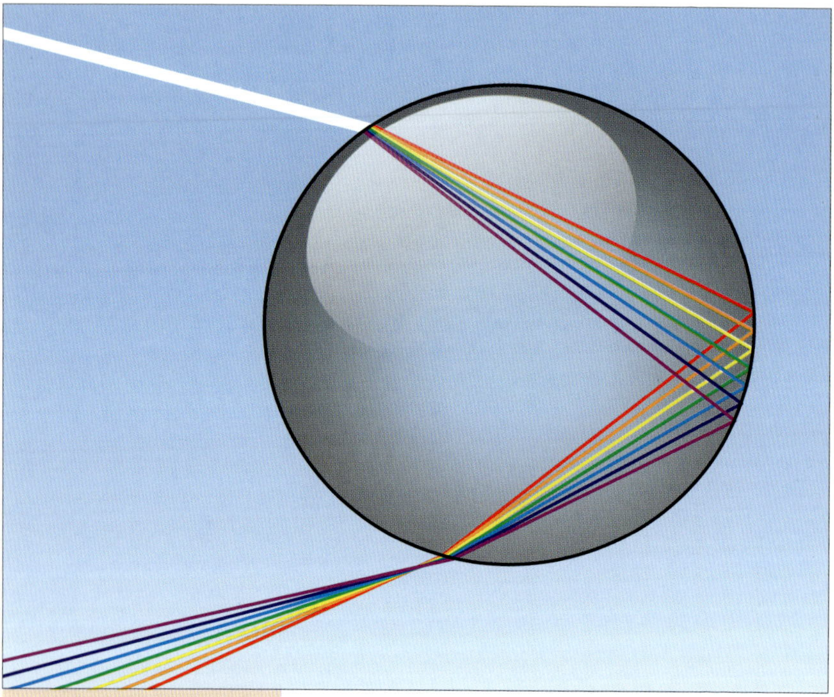

Weißes Licht wird beim Durchgang durch ein Glasprisma in seine Spektralfarben zerlegt. Sonnenlicht besteht aus für das Auge sichtbaren Spektralfarben, die in Kombination miteinander weiß erscheinen. Dieses Prinzip konnte der englische Physiker Isaac Newton im Jahr 1666 erstmals nachweisen. Durchquert weißes Licht Luft unterschiedlicher Dichte, spaltet es sich in seine farbigen Bestandteile auf.

Alle haben wir ihn in der Schule durchgenommen, aber wer erinnert sich noch daran, wie die bunte Farbenabfolge entsteht und warum der Regenbogen überhaupt auftritt? Sonnenlicht setzt sich aus den Farben des gesamten Spektrums zusammen. Wenn es durch ein Glasprisma fällt, kann man das am besten erkennen, denn durch unterschiedlich starke Lichtbrechung fächert es sich dabei in die Spektralfarben auf. Der Zerlegungseffekt, auch Dispersion genannt, lässt sich auch in der Natur beobachten und ist für einige außergewöhnliche wetterbedingte Erscheinungen der atmosphärischen Optik verantwortlich.

OPTISCHE EFFEKTE

Dazu zählen vor allem der Regenbogen, aber auch die berühmte Fata Morgana, der Kranz und das spektakuläre Lichtspiel der hohen Breiten – das Polarlicht. In der nördlichen Hemisphäre wird es Aurora borealis oder Nordlicht genannt, während sein südliches Gegenstück als Aurora australis oder Südlicht bekannt ist. Wer einmal die farbigen Leuchterscheinungen über den Nachthimmel hat ziehen sehen, wird sie nie wieder vergessen. Wohl die berühmteste optische Täuschung ist die durch Luftspiegelung hervorgerufene Fata Morgana. Cartoons, Literatur und Film spielen gern mit diesem optischen Phänomen. Weniger bekannt ist der Kranz, eine Leuchterscheinung um Sonne oder Mond. Verantwortlich ist auch hierfür die Beugung des Lichtes auf seiner Reise durch die Atmosphäre.

Werden Sonnenstrahlen auf ihrem Weg durch die Atmosphäre von Regentropfen gebrochen, entsteht ein Regenbogen. Dabei fächert sich das Sonnenlicht in die Spektralfarben auf.

REGENBOGEN

Ein Regenbogen entsteht, wenn Sonnenlicht auf seiner Reise durch die Atmosphäre von Regentropfen gebrochen wird. Dabei fächert es sich in die Spektralfarben auf. Ein Teil des Lichtes wird von der rückwärtigen Innenfläche der Tröpfchen reflektiert. Der daraufhin am Himmel erscheinende bunte Kreisbogen gab dem Regenbogen seinen Namen. Für den Beobachter sind die Farben nur dann zu erkennen, wenn er mit dem Rücken zur Sonne steht. Was wie eine siebenteilige Folge separater Farben – Rot, Orange, Gelb, Grün, Blau, Indigo und Violett – erscheint, ist tatsächlich ein Farbkontinuum von Rot bis Violett.

Regenbogen treten auf, wenn die Sonne bei Regen im Rücken des Beobachters steht. Weißes Licht wird in den Regentropfen gebrochen, dabei in seine Spektralfarben zerlegt und einmal reflektiert. Bei dem von höheren Regentropfen hervorgerufenen Nebenregenbogen wird das Sonnenlicht doppelt reflektiert, sodass sich die Farbenfolge im zweiten Regenbogen umkehrt.

HALO-ERSCHEINUNGEN

Seit Jahrhunderten gelten Haloerscheinungen in der Wettervorhersage als Regenboten. Was aber ist ein Halo? Zuweilen agieren Eiskristalle in der Luft als Prismen und lenken Sonnen- oder Mondlicht ab. Dabei entstehen farbenprächtige optische Erscheinungen in Form von Ringen, Bogen oder Flecken. Die häufigste Haloform ist der 22°-Ring mit einem Winkelabstand von 22° zur Sonne. An manchen Stellen des Halorings bilden sich besonders intensive Flecken aus, die Nebensonnen oder Parhelia. Wie alle Haloerscheinungen treten sie häufig am Polarhimmel auf, gelegentlich aber auch in niedrigeren Breiten. Da Licht bei Ablenkung seine Farbe verändert, zeigen Haloerscheinungen erhebliche Schwankungen in der Farbgebung. In der Regel kündigen sie eine Regenphase an, denn die Eiskristalle, die die Halos zum Vorschein bringen, treten in Zirruswolken auf, wie sie häufig einem Regen bringenden Frontensystem vorangehen. Ein solcher Kranz, auch Korona genannt, entsteht durch Beugung von Licht an kleinen Partikeln wie etwa Wassertröpfchen oder Eiskristallen. So lässt sich bei einer Bedeckung mit Altokumuluswolken ein farbiges Ringmuster um Sonne oder Mond beobachten. Ein Mondkranz ist besser zu sehen als ein Sonnenkranz; das ist für das Auge unschädlicher, und der Mond zerstört den Effekt nicht mit seinem Licht.

Durch Faserwolken hindurch erkennt man einen Mondkranz. Die Faserwolken sind wohl dünne, hohe, nebelartige Cirrostratus-nebulosus-Schleier. Größe und Farbe des Kranzes werden durch Größe und Regelmäßigkeit der Wassertröpfchen bestimmt.

POLARLICHT

Am Nachthimmel über den Polargebieten bietet sich manchmal ein farbenprächtiges Lichtspektakel, das im Norden als Nordlicht oder Aurora borealis und auf der Südhemisphäre als Aurora australis oder Südlicht bezeichnet wird. Die Leuchterscheinung wandert als schnell dahinziehende Lichtflecken in wechselnden Farben und Formen über den Polarhimmel. Ursache dafür ist die solare Partikelstrahlung. Die mit großer Geschwindigkeit von der Sonne ausgehenden Teilchen werden mit Sonneneruptionen und dem elfjährigen Sonnenfleckenzyklus in Verbindung gebracht. Mit dem Sonnenwind gelangen die Partikel zur Erde, werden aber vom Magnetfeld in Richtung Pole abgelenkt. Nur in den Polregionen treten die Sonnenteilchen in die Erdatmosphäre ein und interagieren mit den Luftmolekülen. Bei ihrem Zusammenstoß wird Energie in der Form von Licht emittiert. Die Leuchterscheinungen lassen sich nur am Pol oder in Polnähe innerhalb des sogenannten Polarlichtovals beobachten. Bei hoher Sonnenaktivität verstärken sich Sonneneruptionen und Teilchenstrom; das Polarlichtoval erweitert sich, sodass das Lichterspektakel auch weiter südlich bzw. nördlich zu bewundern ist. Es spielt sich hoch oben in der Atmosphäre ab, zwischen 70 und 1000 km über der Erde.

Nordlicht leuchtet Anfang Oktober über dem finnischen Nadelwald. Das Polarlicht der nördlichen Hemisphäre wird in Anspielung auf Aurora, die römische Göttin der Morgenröte, und Boreas, den griechischen Gott des Nordwinds, auch Aurora borealis genannt. Am häufigsten zeigt es sich im September und Oktober sowie im März und April.

LUFTSPIEGELUNG

In einem beliebten Filmszenario kämpft der Held in der Wüste gegen das Verdursten und sieht plötzlich vor sich eine Wasserfläche, doch beim Näherkommen löst sie sich in nichts auf – eine Fata Morgana. Falsch ist jedenfalls die Vorstellung, eine Fata Morgana sehe man nur bei drohendem Hitzschlag. Sie ist kein Hirngespinst und lässt sich durchaus mit der Kamera festhalten, und dennoch gaukelt sie dem Auge etwas vor. Fata Morgana bedeutet auf Italienisch „Fee Morgana". An der Straße von Messina zwischen Sizilien und Kalabrien sah man Häuser des gegenüberliegenden Ufers zuweilen in der Luft schweben – die „Schlösser" über der Meeresstraße galten als Werk einer Zauberin. Das Phänomen erklärt sich dadurch, dass Licht gebrochen und reflektiert wird, wenn es durch ein Medium geht. Dies ist auch dann der Fall, wenn Lichtstrahlen Luftmassen unterschiedlicher Dichte bzw. Temperatur passieren. Hierbei unterscheidet man zwei Hauptarten: Bei einer Luftspiegelung nach unten erscheint das Spiegelbild eines Objekts wie der Sonne oder einem Berg unter seiner wirklichen Lage, bei einer Luftspiegelung nach oben dagegen darüber. Die schimmernde Wasserfläche, die sich an heißen Tagen auf Asphalt beobachten lässt, ist z. B. eine Luftspiegelung nach unten. Ursache hierfür sind besonders große Temperaturunterschiede in der Nähe des Straßenbelags. Das Licht wird so stark gebrochen, dass sich der Himmel auf der Straßenoberfläche spiegelt. Ein Beispiel für die seltenere Luftspiegelung nach oben ist die aufgehende und untergehende Sonne. Verursacht wird die Spiegelung durch eine Inversionslage, bei der warme Luft über Kaltluftschichten lagert und bei ausreichend großem Temperaturunterschied die Lichtstrahlen reflektiert.

Eine Fata Morgana in der Libyschen Wüste in Ägypten. Im heißen Wüstensand glitzern Erhebungen, doch tatsächlich handelt es sich um eine große Fata Morgana, verursacht durch unterschiedliche Erwärmung von Luftschichten.

GESCHICHTE UND KULTUR

ÜBERLIEFERUNGEN

Eine der bekanntesten überlieferten Bauernregeln ist „Abendrot, gut' Wetter Bot', Morgenrot, schlecht' Wetter droht". Sie stimmt im Großen und Ganzen und lässt sich auch wissenschaftlich erklären. Abendrot tritt bei uns auf, wenn Licht durch ein von Westen heranrückendes Hoch gefiltert wird, das Schönwetterluft mitbringt. Dagegen ist die Morgenröte Hinweis darauf, dass das Hoch durchgezogen ist und ihm nun ein Tief mit veränderlicher Witterung folgen wird.

Heute stehen ein beeindruckender Gerätepark und zahlreiche wissenschaftliche Techniken zur Verfügung, damit Meteorologen Veränderungen in Wetter und Klimamustern beurteilen können. Über Tausende Jahre hinweg hat sich der Mensch jedoch auf eine Mischung aus Volksglauben und Erfahrung verlassen. Allmählich wurde dann die Vorstellung, dass Gottheiten für bestimmte Wetteraspekte verantwortlich seien, verdrängt und durch die Beobachtung von Naturindikatoren wie Windrichtung, Wolkenbildung, Himmelsfarbe, optische Phänomene sowie das Verhalten von Tieren und Pflanzen ersetzt. Die Wettervorhersage war schon immer von grundlegender Bedeutung für alle, die vom Land und vom Meer leben und deren Existenz vom Wetter abhängt. Vor allem in den gemäßigten Breiten mit ihrer wechselhaften Witterung hat fast jede Kultur ihre eigenen Wetterüberlieferungen entwickelt, die in Sprichwörtern und Wetterreimen ihren Niederschlag gefunden haben.

WETTERGÖTTER

Der toltekische und aztekische Gott Quetzalcoatl galt auch als Erscheinungsform des Windgotts Ehecatl und repräsentierte die Naturgewalten. Quetzalcoatl herrschte über den Regen, die Himmelswasser und auch über die dazugehörigen Winde.

Der altägyptische Sonnengott Ra ist nur einer unter zahllosen Göttern, die für das Wettergeschehen verantwortlich gemacht wurden. Bei dem Versuch, das Wetter zu ergründen, entwickelten die Kulturen verschiedener historischer Epochen die Vorstellung der Wettergottheiten. Diese herrschen über Wind, Sonne und Regen und bestimmen über ergiebige Ernten und Wildreichtum. Die Azteken brachten ihrem Regengott Tlaloc vermutlich Menschenopfer dar; Quetzalcoatl wurde als Schöpfer alles Lebens und Herrscher über die wichtigen Regenwinde verehrt. Auch andere Kulturen kannten Windgötter, etwa Äolus im alten Griechenland oder die japanische Shintogottheit Fujin. Der germanische Thor, Zeus in Griechenland, der japanische Gott Raijin und der Hindugott Indra wurden mit Blitz und Donner in Verbindung gebracht. Auch die Sonne wurde in vielen Kulturen verehrt: So fuhr im Ägypten des Altertums Ra tagtäglich in der Sonnenbarke über den Himmel, und im Inkareich stellte man sich den Sonnengott Inti als goldene Scheibe mit menschlichem Antlitz vor.

RENAISSANCE UND FRÜHE WISSENSCHAFT

Im 15. Jahrhundert vermittelten neue Handelsrouten ein besseres Verständnis von Erde und Wetter. Seefahrer wie Ferdinand Magellan (um 1408–1521) oder Christoph Kolumbus (1451–1506) erkannten Windmuster über den Meeren und hielten Wetterbeobachtungen fest. Bis 1600 war die Erde bereits zweimal umsegelt worden.

Mit seiner *Meteorologica* unternahm der griechische Gelehrte Aristoteles (384–322 v. Chr.) einen ersten wissenschaftlichen Versuch, das Wetter zu ergründen. Sein Schüler Theophrast (um 372–287 v. Chr.) folgte ihm mit Notizen über die Wetterzeichen. In Europa konnte sich die Meteorologie erst in der Zeit der Renaissance weiterentwickeln. Das 15. Jahrhundert war eine Epoche großer Veränderungen, in der sich Kultur- und Wissenschaftsverständnis grundlegend wandelten. Das zeigte sich z. B. in der Erfindung neuer und verbesserter meteorologischer Messgeräte. Im 15. Jahrhundert vermittelten neue Handelsrouten ein besseres Verständnis von Erde und Wetter. Bedeutende Persönlichkeiten jener Zeit waren die Italiener Galilei, Leonardo und Torricelli. Galileo Galilei (1564–1642) erfand das Thermometer und vertrat die Überzeugung, dass sich viele Wetterphänomene wissenschaftlich erklären lassen. Leonardo da Vinci (1452–1519) leistete Bahnbrechendes im Studium der atmosphärischen Optik und weckte das Interesse an den Naturkräften.

DAS ZEITALTER DER AUFKLÄRUNG

Benjamin Franklin (1706–1790) und sein Sohn William am 15. Juni 1752 bei ihrem berühmten Drachenversuch in einem Gewitter. Eine Metallspitze am Drachen zog einen Blitz an; daraufhin floss Elektrizität die nasse Schnur hinab und lud über einen Schlüssel eine Leidener Flasche auf, die man hier in Franklins Hand sieht. Dieser Versuch bewies, dass Blitze elektrische Entladungen sind, und war die Basis für die Erfindung des Blitzableiters. Mehrere Wissenschaftler kamen bei der Wiederholung des Experiments zu Tode – die Franklins hatten Glück gehabt.

Pascal, Newton, Fahrenheit und Celsius – diese Namen verbinden sich mit wichtigen wissenschaftlichen Leistungen des 17. und 18. Jahrhunderts. Ihnen allen sind entscheidende Verbesserungen in der Wettermessung und -vorhersage zu verdanken. Der französische Naturwissenschaftler Blaise Pascal (1623–1662) erkannte z. B., dass sich der Luftdruck mit der Höhe ändert und dass sich Schwankungen im atmosphärischen Druck für die Wettervorhersagen nutzen lassen. In England formulierte Isaac Newton (1643–1727) physikalische Gesetze, die noch heutigen Computermodellen zur Wettervorhersage zugrunde liegen. Der deutsche Physiker Daniel Gabriel Fahrenheit (1686–1736) entwickelte 1724 die nach ihm benannte Temperaturskala. Er hatte sich intensiv mit der Weiterentwicklung meteorologischer Geräte befasst und erfand etwa das verbesserte Thermometer auf Weingeist- und auf Quecksilberbasis, das er ab etwa 1717 bis zu seinem Tod gewerblich herstellte. Ein weiterer Vorreiter der Meteorologie war der amerikanische Naturwissenschaftler und Staatsmann Benjamin Franklin (1706–1790), der Wetterexperimente ganz anderer Art durchführte. In einem hochgefährlichen Versuch ließ er 1752 einen Drachen in ein Gewitter steigen, um nachzuweisen, dass Blitze elektrische Entladungen sind.

KRIEG UND WETTER

Uns allen hat schlechtes Wetter schon unerwartet den Tag verdorben, doch nur extrem selten hat die Witterung nationale oder sogar internationale Bedeutung. Dennoch haben Wetterkapriolen wiederholt den Lauf der Geschichte bestimmt. Als Julius Cäsar 54 v. Chr. in Britannien einfiel, war dies bereits der zweite Versuch des römischen Feldherrn, die britischen Inseln zu erobern. Im Jahr 55 v. Chr. hatten starke Nordwestwinde seine Flotte noch am Übersetzen über den Ärmelkanal gehindert. Auch ein weiterer Invasionsversuch in England, diesmal der spanischen Armada, wurde vom Wetter verhindert. Im Spätsommer 1588 musste sich die spanische Kriegsflotte nach einer Niederlage gegen die englischen Seekräfte unter Sir Francis Drake zurückziehen. Ein Tief brachte Sturmwinde, und im hohen Seegang gingen die restlichen Schiffe bei Schottland und Irland unter. In Nordeuropa konnten schwedische Truppen im Februar 1658 nach starkem Frost die zugefrorene See zwischen Seeland und Jütland überqueren und die Dänen dazu zwingen, ihre südschwedischen Provinzen abzutreten. Die napoleonische Armee musste sich 1812 – teils wegen des strengen Winters – aus Russland zurückziehen, und drei Jahre später verzögerte sich in der Schlacht von Waterloo der Angriff Napoleons durch ein Gewitter mit sintflutartigem Regen. Dadurch konnten sich die Briten mit den preußischen Truppen vereinen, während sich das Schlachtfeld in Morast verwandelte. Bei einem früheren Angriff wäre Napoleon mit großer Wahrscheinlichkeit siegreich aus der Schlacht hervorgegangen. Im Zweiten Weltkrieg spielte das Wetter mindestens zweimal eine wichtige Rolle. Das erste Mal im Winter 1941/42, als die deutschen Truppen bei ihrem Angriff auf Russland aufgehalten wurden und die Sowjetarmee in Moskau ihre erste entscheidende Gegenoffensive starten konnte. Und ein zweites Mal dann am D-Day im Juni 1944. Für die Landung in der Normandie mussten sich die Alliierten auf die Wetterprognosen der Militärmeteorologen verlassen.

Die Lithografie zeigt Napoleons Rückzug 1812 aus Moskau und entstand nach einem Gemälde von Jan Chelminski. Der russische Winter führte in Kombination mit Krankheiten, Desertionen und Verlusten in vielen kleinen Scharmützeln schließlich zu Tausenden Toten im französischen Lager.

DAS WETTER IN DER KUNST

Das Wetter und seine Elemente werden in der Kunst seit Tausenden Jahren behandelt. Schon auf prähistorischen Höhlenmalereien und Felsritzungen ist es präsent. Aus diesen frühen Darstellungen ging eine lange, bis zum heutigen Tag reichende Tradition hervor, Natur und Wetter in Landschaftsbildern zu schildern. Heute integrieren bildende Künstler in ihre Werke auch natürliche Wetterphänomene, bilden sie nach oder verwenden Wetterdaten für ihre Arbeiten. Die realistische Landschaftsdarstellung nahm ihren Ursprung wohl bei den alten Griechen und wurde von den Römern übernommen. Aber auch in altorientalischen Bildern kam ihr eine wichtige Rolle zu. Der Auftritt des Wetters in der westlichen Kunst war Ergebnis eines gesteigerten Interesses an der Naturbeobachtung. Dieses nahm im 15. und 16. Jahrhundert mit Künstlern wie Leonardo da Vinci, Rembrandt, Tizian, Albrecht Dürer, Jan van Eyck und den Brueghels seinen Anfang. Sie alle sind für ihre Wolken- und Himmelsdarstellungen bekannt. Im 18. und 19. Jahrhundert wurde das Wetter dann zum Anliegen der romantischen Maler, die naturalistische Landschaftsbilder mit symbolischem Gehalt schufen. Im späteren 19. Jahrhundert wurden die Effekte des Sonnenlichts und seine Auswirkungen auf die Erscheinung zum Hauptanliegen der französischen Impressionisten.

Die Jäger im Schnee (1565) von Pieter Brueghel dem Älteren. Der Niederländer war ein für Landschaften und bäuerliche Szenen bekannter Maler der Renaissance. Er gilt als erster westlicher Maler, der Landschaften um ihrer selbst willen malte und nicht nur als Kulisse für allegorische Darstellungen einsetzte. Die berühmteste Winterlandschaft der europäischen Malerei ist Beleg für die strengen Winter der Kleinen Eiszeit.

DAS WETTER IN DER LITERATUR

Szene aus *Der Sturm* (1611). Shakespeares Stück eröffnet damit, dass der Zauberer Prospero einen Sturm heraufbeschwört.

Von der Antike bis zur Gegenwart, in Prosa wie in Gedichten wurde das Wetter über die Jahrhunderte hinweg immer wieder thematisiert. Gerade in der Erzählliteratur wird es häufig nicht nur beschrieben oder als ästhetische Randbemerkung eingesetzt, sondern ist wichtig für Erzählton, emotionale Atmosphäre und um die Handlung voranzutreiben. In den Dramen von William Shakespeare (1564–1616) erscheint das Wetter häufig als integrales Element und wird symbolhaft benutzt. Zum Beispiel sind Stürme in den Tragödien *Macbeth* (1606) und *König Lear* (1605) Metaphern für Konfliktsituationen oder bilden Parallelen zu Gewaltakten. In *Was ihr wollt* (1601/02), wo ein Sturm die Trennung von Viola und Sebastian erzwingt, und umgekehrt in *Der Sturm* (1611), wo die Charaktere durch einen Sturm zusammenfinden, sind Stürme sogar handlungstragendes Element.

DIE CELSIUSSKALA

Die Celsiusskala geht auf den schwedischen Astronomen Anders Celsius (1701–1744) zurück. Im Jahr 1742 legte er den Siedepunkt von Wasser, der – wie er demonstrieren konnte – je nach Luftdruck variiert, als 0° und den unveränderlichen Gefrierpunkt als 100° fest. Den Siedepunkt bestimmte er daraufhin anhand des Normalluftdrucks auf Meereshöhe. Seine Skala stellt den ersten Versuch einer standardisierten Temperaturskala dar, die bei der Aufzeichnung von extrem kalten Temperaturen ohne Minuswerte auskommt. Der schwedische Naturforscher Carl von Linné (1707–1778) drehte später die Celsiusskala um, sodass 0° den Gefrierpunkt und 100° den Siedepunkt markierte. Heute hat sich die umgedrehte Celsiusskala durchgesetzt und ist fast überall auf der Welt in Gebrauch. Seit 1848 existiert die in der Wissenschaft verwendete Kelvinskala; sie folgt der Celsiusskala, verwendet aber als Fixpunkte den absoluten Nullpunkt (–273,15 °C; 0 K) und den Tripelpunkt von Wasser (0,01 °C; 273,16 K), an dem Wasser sowohl als Eis und Wasserdampf wie auch flüssig vorliegt.

Eine Wetterstation von 1880 im Greenwich Royal Observatorium in London. Die Station war mit einem Anemometer ausgestattet, das Windrichtung und -stärke automatisch maß und auf einem Papierstreifen aufzeichnete. Dank der Telegrafie machte die Wissenschaft der Meteorologie im späten 19. Jahrhundert große Fortschritte. Nun konnten Messwerte schnell bei vielen Wetterstationen gleichzeitig eingeholt werden. Die ersten Tageswetterkarten erschienen 1860.

DER EINFLUSS DER SEEFAHRT

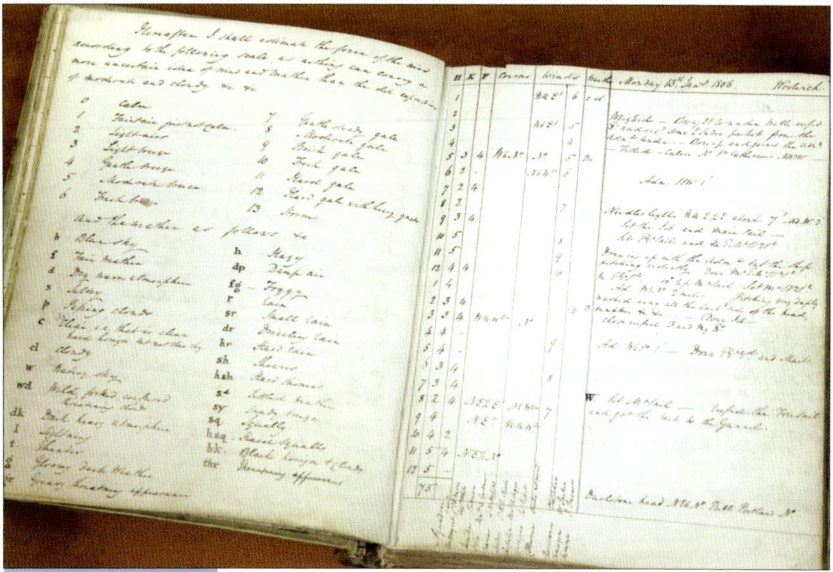

Meteorologische Tagesaufzeichnungen des 19. Jahrhunderts aus Woolwich, das heute ein Stadtteil von London ist. Auf der linken Seite erkennt man den Abkürzungsschlüssel.

Die im 18. und 19. Jahrhundert massiv betriebene Kolonisation und Handelsexpansion übten großen Einfluss auf die Entwicklung und Erprobung früher Wettermessgeräte aus und vermittelten ein besseres Verständnis des Wettergeschehens. Im Jahr 1806 entwickelte der britische Admiral Francis Beaufort (1774–1857) die Beaufortskala zum Messen der Windgeschwindigkeit. Sie wurde 1838 von der britischen Marine offiziell eingeführt und ist bis heute in Gebrauch. Kurz darauf entwickelte Robert FitzRoy (1805 bis 1865) für die britische Marine ein Barometer, das sich in Serie herstellen ließ. In jener Zeit wusste eine gebildete Elite die kurz zuvor entwickelten Wettermessgeräte für eigene Beobachtungen zu nutzen. So zeichnete der dritte Präsident der USA, Thomas Jefferson (1743–1826), von 1776 bis 1816 Wettermesswerte auf. Sein erstes Thermometer soll der Gründervater erworben haben, als er an der amerikanischen Unabhängigkeitserklärung schrieb.

ROBERT FITZROY

Robert FitzRoy hatte erkannt, dass sich Wettersysteme tendenziell von Westen nach Osten bewegen und dass sich über ein atlantikweites System von Wetterstationen die Zugrichtung von Stürmen verfolgen lässt. Die in diese Zeit fallende Erfindung des Telegrafen erleichterte den Informationsaustausch. FitzRoy lieferte nach seiner Ernennung zum Chefmeteorologen der britischen Marine 1854 erste nationale Wettervorhersagen und veröffentlichte seine Prognosen ab 1860 in der Londoner *Times*. Trotz einiger Verzögerungen wurde FitzRoys System schließlich anerkannt und bildete die Grundlage moderner Wetterprognosen.

Der britische Meteorologe Robert FitzRoy (1805–1865). Er war Kapitän der HMS *Beagle* auf ihren beiden südamerikanischen Forschungsexpeditionen 1828 und 1831 bis 1836. Auf der zweiten Reise fuhr Charles Darwin mit, der seine Reiseerlebnisse unter dem Titel *Die Reise der Beagle* 1845 veröffentlichte.

DAS 20. JAHRHUNDERT

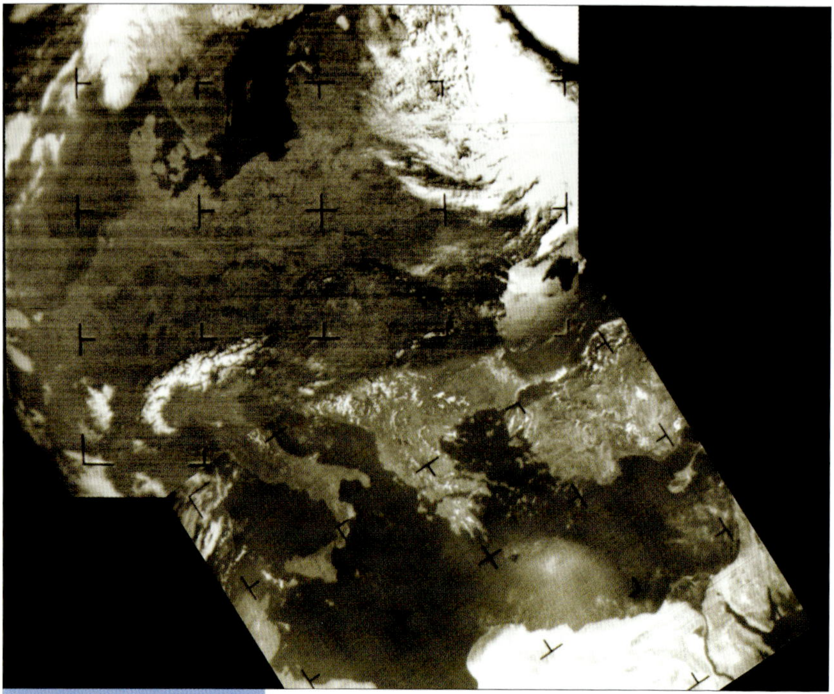

Diese frühen Wettersatellitenbilder von Europa stammen von dem ersten amerikanischen Wettersatelliten Tiros (Television and Infrared Observation Satellite), der von 1960 bis 1966 mithilfe von Fernsehkameras Wolkenformationen überwachte. Der erste europäische Wettersatellit Meteosat startete 1977. Die heutigen Wettersatelliten sammeln dank modernen Equipments ein viel breiteres Datenspektrum.

Das frühe 20. Jahrhundert brachte einen Wandel in den meteorologischen Methoden. Einer der Pioniere im Einsatz mathematischer Modelle für die Wettervorhersage war der britische Mathematiker Lewis Fry Richardson (1881–1953). Er widmete sich Wetterprognosemodellen auf der Basis von Differenzialgleichungen. Seine Methoden werden heute noch für meteorologische Simulationen verwendet. In seinem Werk *Wettervorhersage durch numerische Verfahren* von 1933 schlug er eine Beschleunigung der Berechnungsprozesse mithilfe von Motorradboten vor, die Informationen von einer Stufe des Berechnungsprozesses zur nächsten übermitteln sollten. Fry Richardson interessierte sich auch für atmosphärische Turbulenzen, und die Richardson-Zahl, ein dimensionsloser Parameter in der Turbulenztheorie, ist nach ihm benannt.

FRÜHE TECHNOLOGIE

Wissenschaftler arbeiten am ersten Wettersatelliten Tiros, der am 1. April 1960 startete. Mit seinen Wolkenaufnahmen ermöglichte er ein besseres Verständnis von Wettersystemen.

Die frühen Jahre des Jahrhunderts sahen auch die Geburt des Computers, auf dessen Nachfolger wir uns heute bei der Auswertung der Wetterdaten verlassen. Ab den 1930er-Jahren setzte man Flugzeuge für Beobachtungen in der Atmosphäre ein – ein entscheidender meteorologischer Durchbruch, da Druck-, Wind- und Temperaturverhältnisse der Atmosphäre großen Einfluss auf die Wettermuster an der Erdoberfläche haben. Zur gleichen Zeit wurden Radiosonden- und Wetterballons entwickelt, die Messwerte in der Atmosphäre aufzeichnen und seit den 1940er-Jahren vermehrt eingesetzt werden. Radar war ursprünglich ein Nebenprodukt des Zweiten Weltkriegs, als es zum Aufspüren feindlicher Flugzeuge diente. Heute ist es im Einsatz, um Tornados, Hurrikane und Regenschauer zu finden.

Die Wetter-vorhersage heute

MODERNE VORHERSAGEMETHODEN

Ein Meteorologe startet einen heliumgefüllten Wetterballon mit einer Ozonsonde. Das Instrument misst den Ozongehalt der Atmosphäre und übermittelt die Messwerte mithilfe eines Funksenders an eine Bodenstation. Beim Aufsteigen dehnt sich der Ballon durch den sinkenden Luftdruck aus, bis er schließlich platzt. Die Ozonsonde gelangt an einem kleinen Fallschirm zum Boden zurück. Die Messdaten dienen der Erforschung der schwindenden Ozonschicht über den Polargebieten.

Die moderne Wettervorhersage stellt zunächst über eine Kombination aus geprüften Messgeräten zuverlässige Daten zur Verfügung. Diese stammen von automatisierten Wetterstationen und von einer Vielzahl lokaler, manuell betriebener Messstellen. Ergänzt um Satelliten- und Radarmesswerte, werden die Informationen dann in das Wetterfernmeldenetz eingespeist. Nach der Übermittlung werden sie in den verschiedenen Wetterdiensten rund um den Globus weiterverarbeitet und in eines von mehreren meteorologischen Computermodellen eingegeben. Heute verlassen sich Meteorologen zunehmend auf immer komplexere Prognosemodelle, die mit Beobachtungen von zahlreichen Orten rund um den Erdball operieren. Die Wetterdienste tauschen Informationen nahezu in Echtzeit aus, und dies spiegelt den bereits seit Mitte des 19. Jahrhunderts bestehenden hohen – auch internationalen – Kooperationsgrad in diesem Wissenschaftsbereich wider.

WETTERSTATIONEN

Alle drei Stunden werden die Messwerte dieser Thermometerhütten in der Arktischen Forschungsstation im finnischen Teil Lapplands abgelesen.

Alle Wetterstationen, ob automatisch oder manuell, arbeiten mit standardisierten Instrumenten. In der Thermometerhütte, einem mit Luftschlitzen versehenen weißen Kasten, sind diverse Thermometer, ein Barometer und ein Hygrometer oder Feuchtigkeitsmesser untergebracht. Hinzu kommen ein Niederschlags- und Schneemesser, ein Anemometer für die Geschwindigkeit, eine Windfahne für die Richtung des Windes und ein Sonnenscheinautograf, um die Lichtintensität zu messen. Die Geräte werden nach einem präzisen Zeitplan abgelesen und die Parameter elektronisch an einen zentralen Wetterdienst übermittelt. Dort werden die Datensätze für die Wetterprognose analysiert und fließen auch in die numerische Wettervorhersage für langfristige Vorhersagen per Computermodell ein. Darüber hinaus übermitteln heliumgefüllte Wetterballons Messwerte aus der Atmosphäre. Da die Parameter per Kurzwellensender an Bodenstationen gefunkt werden, spricht man auch von Radiosondenballons. Wetterflugzeuge mit Spezialausrüstung sammeln ebenfalls Temperatur- und Feuchtedaten und werden eingesetzt, um die Wolkenphysik zu erkunden. Auch Wetterschiffe liefern den Meteorologen wichtige Beobachtungswerte.

THERMOMETER

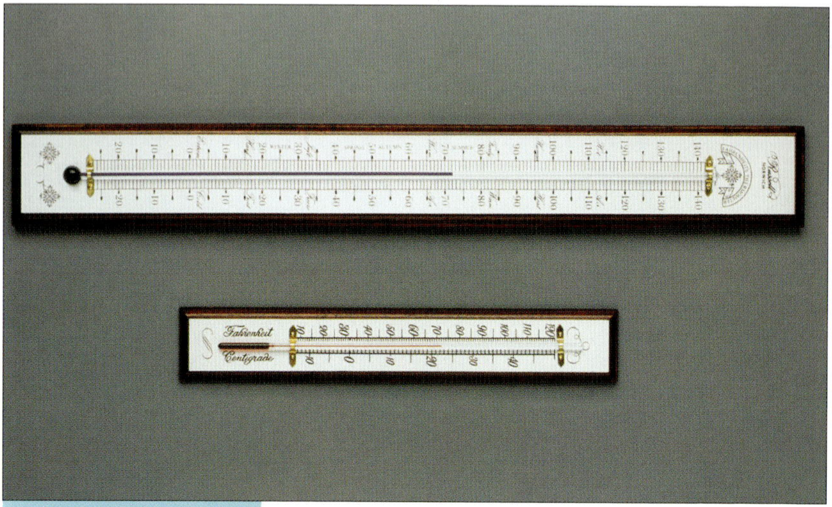

Zwei Thermometer für das Messen der Lufttemperatur. Beide bestehen sie aus einem hohlen, luftleeren Glasröhrchen, an dessen Ende ein Kolben rot oder blau gefärbtes Quecksilber enthält. Dieses dehnt sich bei steigender Lufttemperatur aus. In der Folge steigt der Pegel der Quecksilbersäule in dem Röhrchen und kann an der Skala abgelesen werden.

In den Wetterstationen verwenden die Meteorologen unterschiedliche Thermometerarten. Das Standardthermometer enthält Quecksilber oder Alkohol. Beide Flüssigkeiten reagieren auf die Temperatur, indem sie sich ausdehnen oder zusammenziehen. Die gleichmäßige Volumenänderung erlaubt eine präzise Temperaturmessung. Das u-förmig gebogene Maximum-Minimum-Thermometer enthält zwei separate Thermometer zur Messung des Höchst- und Tiefststands einer bestimmten Periode. Jedes Thermometer enthält ein Eisenstäbchen, das durch die Volumenänderung einer Flüssigkeit verschoben wird und am Maximum bzw. Minimum eines festgelegten Zeitraums – in der Regel eines Tages – verbleibt. Nach dem Ablesen der Temperatur werden die Stäbchen mittels Magnet oder Druckknopfmechanik wieder zurückgestellt. Diese Thermometerart wird manchmal auch Six-Thermometer genannt. Ganz anders arbeitet das bimetallische Thermometer, bei dem sich ein Bimetallstreifen verbiegt und seine Bewegung auf einen Zeiger überträgt.

ANEMOMETER

Ein Anemometer auf einem Turm des Jodrell-Bank-Radioobservatoriums in der Nähe von Manchester. Das große Teleskop in der Ferne ist das riesige Mark-1A-Radioteleskop mit einem Durchmesser von 76 m. Überschreitet der Wind eine bestimmte Geschwindigkeit, wird die Parabolantenne waagerecht gestellt – wie hier zu sehen – und gesichert.

Auf Brücken, in Flughäfen und auf vielen öffentlichen Gebäuden sieht man oft ein Instrument mit rotierenden Schälchen. Es handelt sich um die gebräuchlichste Art des Anemometers, das zum Messen der Windgeschwindigkeit dient. Das Wort Anemometer leitet sich vom griechischen *ánemon* für „Wind" ab. Der erste Windmesser wurde im 15. Jahrhundert von dem Italiener Leon Battista Alberti erfunden. Man unterscheidet zwei Grundarten, die Geschwindigkeit und Staudruck messen. Sehr einfach ist das oben erwähnte Schalenkreuzanemometer. Es wurde 1841 in Irland erfunden. Hierbei sind drei oder vier halbkugelförmige Hohlschalen an waagerechten Armen befestigt, die auf einem Stab montiert sind. Wenn sich der Wind in den Schälchen fängt, versetzen sie die Arme proportional zur Windgeschwindigkeit in Rotation. Bei regelmäßigem Ablesen und Registrieren liefert es zwar einen Trend, doch zwischen den Ablesezeiten auftretende starke Böen entgehen ihm. Das hochgenaue Hitzdrahtanemometer dagegen misst auch geringe Geschwindigkeiten.

DIE THERMOMETERHÜTTE

Eine Thermometerhütte enthält verschiedene Mess- und Aufzeichnungsgeräte. Der Kasten schützt die Instrumente vor direkter Sonnenstrahlung und Regen, gestattet aber das freie Hindurchstreichen der Luft. Die Hütten gewährleisten auch bestmöglich standardisierte Bedingungen an den verschiedenen Wetterstationen, damit ein echter Temperaturvergleich der Standorte möglich ist. Hier sieht man ein Maximum-Minimum-Thermometerset (waagerecht) und ein Hygrometer (senkrecht, Mitte), die sehr empfindlich auf Schwankungen reagieren. Links und rechts davon befinden sich Aufzeichnungsgeräte.

Der Vater von Robert Louis Stevenson, Autor des Romans *Die Schatzinsel,* hat ihn erfunden. Der mit Jalousienwänden versehene Kasten sitzt auf einem Gestell in 1,25 m Höhe über dem Boden, um Bodeneinflüsse zu vermeiden. Die Luftschlitze ermöglichen einen stetigen Luftstrom durch den Kasten und über die Instrumente. Der Kasten ist weiß gestrichen, um die Sonneneinstrahlung zurückzuwerfen, seine Tür zeigt in der nördlichen Hemisphäre nach Norden und in der Südhemisphäre nach Süden, damit die Sonne beim Öffnen der Tür nicht hineinscheint und die Messwerte der Instrumente beeinflusst. Das trockene und das feuchte Thermometer des Psychrometers und das Maximum-Minimum-Thermometer werden in dieser Reihenfolge abgelesen. Der Kasten enthält auch ein Barometer zum Messen des Luftdrucks. Obwohl viele Wetterstationen inzwischen ferngesteuerte Sensoren einsetzen, ist die Arbeit der Meteorologen ohne die Thermometerhütte nach wie vor undenkbar.

BAROMETER

Das Barometer dient dem Messen des Luftdrucks und zeigt kurzfristige Wettertrends an. Gase in der Erdatmosphäre üben mit ihrem Gewicht Druck auf die Erdoberfläche aus, und diesen Druck misst das Barometer. Steigender Luftdruck kündigt tendenziell beständiges Wetter an. Bei fallendem Druck nimmt die Wahrscheinlichkeit von veränderlichem Wetter mit Regen zu. Der Luftdruck wird häufig in Hektopascal, manchmal aber auch in Millibar oder Millimeter Quecksilber angegeben. Am häufigsten sind die 1847 von dem Franzosen Lucien Vidie entwickelten Aneroidbarometer. Sie enthalten weder Quecksilber noch eine andere Flüssigkeit; stattdessen funktionieren sie mit einer luftleeren, flachen, gerillten Metalldose, die durch eine Innenfeder stabilisiert wird. Bei steigendem oder fallendem Luftdruck wölbt sich die Dose nach innen oder nach außen, und diese Deformierung überträgt sich auf einen Zeiger. Mit einem Barografen wird der zeitliche Verlauf des Luftdrucks auf speziellem Millimeterpapier aufgezeichnet, indem ein nadelartiges Stiftchen mit dem Luftdruck ansteigt oder absinkt.

Ein Barograf ist ein Barometer, das den atmosphärischen Druck misst und aufzeichnet. Dies dient der Wettervorhersage. Hier sieht man einen Aneroidbarografen, bei dem sich eine dosenartige Vakuumkammer (Mitte) durch Schwankungen des atmosphärischen Druckes ausdehnt oder zusammenzieht. Diese Verformung setzt einen Zeiger in Bewegung, der die Werte des Atmosphärendrucks auf Millimeterpapier aufzeichnet.

SONNENSCHEINAUTOGRAF UND HYGROMETER

Der moderne Sonnenscheinautograf misst die Sonnenscheindauer. Er arbeitet mit Fotodioden, die je nach Lichtintensität ein elektrisches Signal verändern. Dank elektrischer Heizungen wird der Messvorgang durch Tau, Frost und Eis nicht beeinflusst.

Mit einer einfachen Glaskugel wird die Dauer und Intensität des Sonnenscheins gemessen. Die Kugel wirkt als Brennglas und brennt bei ausreichend starker Sonnenstrahlung eine Spur auf einem speziell behandelten, geschwärzten Kartonstreifen ein. Je länger die Sonne scheint, desto länger die Linie. Ein Hygrometer misst den Feuchtegehalt der Luft. Das erste Hygrometer entwickelte der Schweizer Wissenschaftler Horace Bénédict de Saussure 1783. Am häufigsten wird das Psychrometer mit einem trockenen und einem feuchten Thermometer verwendet. Das trockene Thermometer ist mit Quecksilber gefüllt und zeichnet Temperaturschwankungen in Grad und Zehntelgrad Celsius auf. Das feuchte Thermometer ist dagegen mit einem Baumwolltuch umwickelt, das mit einem speziellen Wasserreservoir feucht gehalten wird. Der Unterschied zwischen trockenem und feuchtem Thermometer ermöglicht es, den Taupunkt und damit die relative Feuchtigkeit der Luft zu berechnen.

NIEDERSCHLAGSMESSER

Er wird von Meteorologen verwendet, um die in einem festgelegten Zeitraum gefallene Niederschlagsmenge zu sammeln und zu messen. Ein separater Schneemesser misst den Schneefall. Regen wird in Millimeter und sehr selten in Zentimeter angegeben. Es gibt zahlreiche Versionen von Niederschlagsmessern; am gebräuchlichsten ist der zylindrische Hellmann-Niederschlagsmesser, der sich in Amateur- wie auch in professionellen Wetterstationen findet. Der Regenverschmutzungsmonitor sammelt trockene und nasse Ablagerungen. Das trockene Auffanggefäß hat chemisch imprägnierte Filter, die Salpetersäure, Schwefeldioxid und Schadstoffpartikel sammeln. Das nasse Gefäß sammelt Niederschläge für die Schadstoffanalyse.

Ein Wissenschaftler entnimmt Wasser aus einem Niederschlagssammler für die Analyse. Der relative Gehalt an Sauerstoff-18- und Wasserstoff-2-Isotopen im Regenwasser vermittelt Erkenntnisse über den globalen Wasserkreislauf.

RADAR

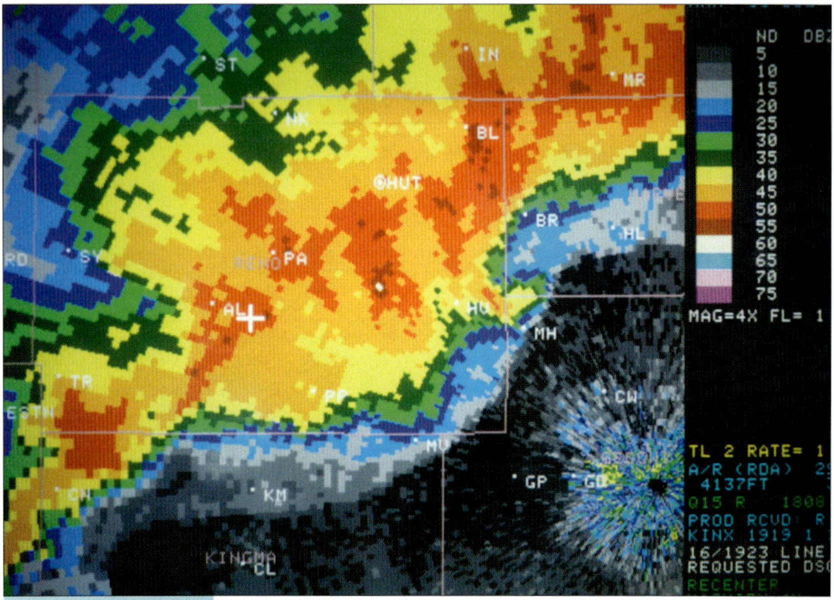

Radarbild eines Sturmes. Der Computermonitor zeigt die Ausgabe eines Dopplerradars für das Sturmmonitoring. Die Farben repräsentieren unterschiedliche Niederschlagsintensitäten – eine Skala erscheint auf der rechten Seite. Werte bis zu 30 dBZ zeigen leichten Regen an, Werte zwischen 30 und 60 dBZ stehen für starken Regen, und alles über 60 dBZ ist wahrscheinlich Hagel.

Für kurzfristige Vorhersagen ist Radar aus dem Arsenal des Meteorologen nicht mehr wegzudenken. Moderne Radarsysteme können alle zehn bis fünfzehn Minuten hochdetaillierte dreidimensionale Bilder von Wettersystemen wie Gewittern, Fronten und sogar Hurrikanen liefern. Als einziges Instrument kann Radar vor einer drohenden Gewitter- oder Tornadobildung warnen. In den USA verfolgt man das Auge von Hurrikanen per Radar, um die Küstenorte möglichst genau informieren zu können, bevor der Sturm Land erreicht. Sie helfen beispielsweise, eine Evakuierung der Ortschaften zu planen. Inzwischen kann man auch Liveradarbilder im Internet und in Fernsehvorhersagen sehen. Radar wurde 1904 von dem deutschen Unternehmer Christian Hülsmeyer erfunden und diente im Zweiten Weltkrieg dem Orten feindlicher Flugzeuge. Das Wort ist die Abkürzung für *radio detection and ranging* (Funkermittlung und -entfernungsmessung). Als man erkannt hatte, dass Radar auch Regen erfassen kann, wurde es zum unentbehrlichen Werkzeug der Meteorologen.

FUNKTIONSWEISE DES RADARS

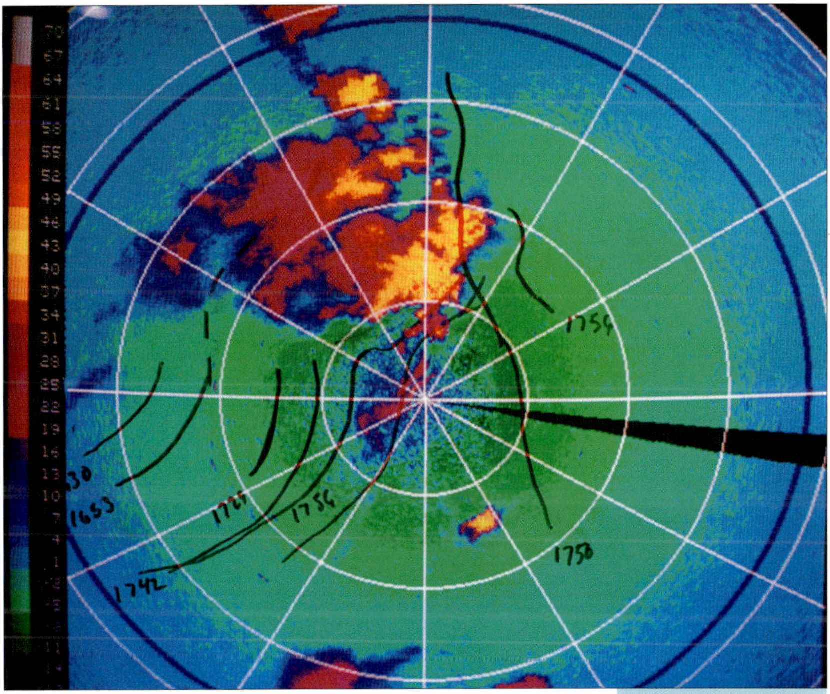

Radaraufnahme einer Sturmwolke (rot und gelb). Dieses Radar überwacht ein gepanzertes Flugzeug, das durch ein Gewitter fliegt, um Forschungsdaten zu sammeln.

Das Radargerät sendet Radiowellenimpulse über eine Antenne aus. Treffen sie auf ein Hindernis wie einen Regenschauer, werden einige Strahlen reflektiert. Ein Dopplerradar misst die Frequenzänderung der Echoimpulse, anhand derer sich Windgeschwindigkeiten berechnen lassen. Die Geräte geben eine stark gebündelte Strahlung ab und liefern beim Absuchen der Atmosphäre in unterschiedlichen Winkeln dreidimensionale Wetterbilder. Die USA verfügen über das größte Wetterradarsystem der Welt. Es überwacht um die 10000 starke Stürme, 5000 Fluten und etwa 1000 Tornados. Flugzeuge wie die Electra L188L werden eingesetzt, um so nah wie möglich an Sturmzentren heranzukommen. So erhält man ein detailliertes dreidimensionales Bild von Wind- und Regenverhältnissen in Sturmsystemen.

SATELLITEN

Falschfarbenaufnahme eines Wettersatelliten vom Hurrikan Allen über dem Golf von Mexiko.

Seit dem Start des ersten Satelliten in den 1950er-Jahren besteht die Möglichkeit, Satelliten auch für die Wetterbeobachtung und -vorhersage zu nutzen. Der erste Wettersatellit war 1960 Tiros 1. Auf ihn folgte 1966 der erste polarumlaufende Satellit, der eine wichtige Rolle bei der Überwachung extremer Unwetter wie Hurrikanen spielt. Die geostationären Meteosat-Satelliten und die polarumlaufenden Satelliten sind ein entscheidendes Instrument der modernen Meteorologie. Sie liefern einen kontinuierlichen Datenstrom aus allen Erdteilen, auch aus schwer zugänglichen oder unwirtlichen Gebieten wie etwa Wüste und Ozean. Alle Satelliten sind nützlich, wenn es um das Aufspüren und Monitoring spezieller Wettererscheinungen geht – vom gefährlichen Hurrikan oder tropischen Wirbelsturm bis hin zu den üblichen Hoch- und Tiefdruckgebieten. Satelliten werden auch eingesetzt, um Windgeschwindigkeiten zu messen und Wolkenmuster zu analysieren. Die modernen Satelliten gewinnen immer mehr Wichtigkeit, wenn es um das Vorhersagen des Tageswetters und das Erstellen von Klimavorhersagen geht. Die zu Beginn des 21. Jahrhunderts gestartete aktuelle Satellitengeneration wird unschätzbare Dienste leisten, wenn der vorhergesagte globale Klimawandel eintritt.

SATELLITENTYPEN

In einer Testeinrichtung der französischen Aérospatiale in Toulouse arbeiten Techniker am Wettersatelliten Meteosat 6. Aus dem geostationären Orbit übermittelt er alle 30 Minuten ein Bild der Erde.

Heute sind zwei Haupttypen von Wettersatelliten im Einsatz. Die geostationären Satelliten bewegen sich in einer Höhe von knapp 36 000 km über dem Äquator und haben eine erdsynchrone Umlaufbahn, sodass sie ortsfest über einem bestimmten Erdpunkt stationiert erscheinen. Der geostationäre Meteosat wird von der europäischen Weltraumagentur ESA betrieben und steht auf 0° Breite und Länge – also auf dem Schnittpunkt von Nullmeridian und Äquator. Von dort aus erfasst er Europa, Afrika, den Nahen Osten, einen großen Teil des Atlantiks und den westlichen Indischen Ozean. Der zweite Typus ist der polarumlaufende Satellit, dessen Bahn nahe an Nord- und Südpol vorbeiführt. Die von den USA betriebenen NOAA-Satelliten kreisen in einer Höhe von nur 820 km und benötigen etwa 1 Stunde und 42 Minuten für einen Umlauf. Bei jeder Umkreisung überfliegen die Satelliten jeweils andere Gebiete, da sich die Erde unter ihrer Bahn um 22° um ihre Achse dreht. Im Oktober 2006 startete mit MetOp ein europäischer polarumlaufender Satellit. Dank niedriger Flughöhe kann er detailliertere Bilder als geostationäre Satelliten liefern.

WETTERKARTEN

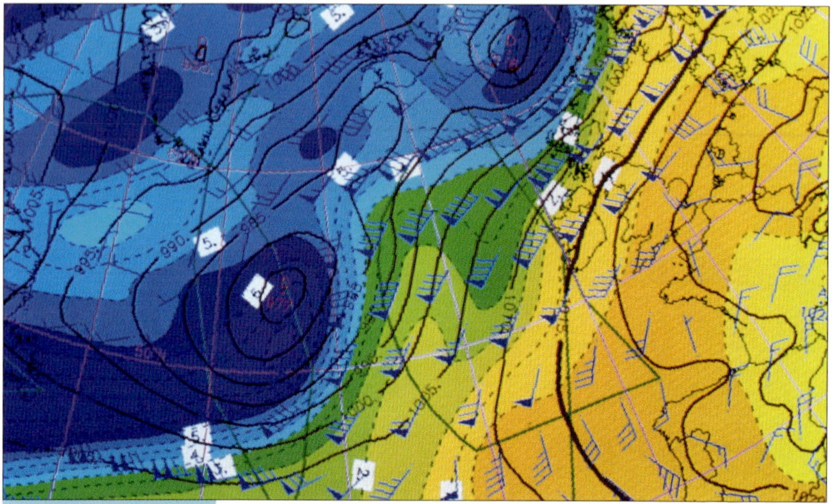

Diese per Rechner erstellte Wetterkarte entstand im Rahmen des Wetterprojekts FASTEX (Fronts and Atlantic Storm Tracks Experiment). Das Projekt erkundet anhand von Flugzeug-, Schiffs- und Satellitendaten die Faktoren, die aus einem normalen Tiefdruckgebiet einen Sturm machen. Die durchgezogenen Striche sind Isobaren, die Bereiche gleichen Luftdrucks miteinander verbinden. Je enger die Isobaren, desto heftiger die Winde.

Eine synoptische Karte zeigt das Wetter zu einer bestimmten Zeit für ein bestimmtes Gebiet. Sie ist das Ergebnis der von zahlreichen Wetterstationen gemeldeten Beobachtungswerte. Diese werden weiterverarbeitet und mit international gebräuchlichen Wettersymbolen grafisch dargestellt. Es gibt mehrere Arten von synoptischen Diagrammen. Die aufwendigste enthält große Detailmengen, z. B. Angaben zu den Wolkenarten in verschiedenen Höhen, Taupunkttemperaturen und Drucktrends. Diese speziellen Karten werden meist nur an nationalen oder regionalen Prognosezentralen verwendet. Das Zeichnen einer solchen Karte wurde vor dem Computerzeitalter als eine Kunst angesehen, und einige Spezialisten üben sich auch heutzutage noch darin. Am häufigsten ist die Tageswetterkarte, die man in den Medien findet. Ihr Ziel ist es, einen klaren, wenn auch stark vereinfachten und verallgemeinerten Eindruck des Wetters zu geben. Heute wird die Tageswetterkarte fast immer in Verbindung mit Satellitenbildern gezeigt. Trotz des großen Informationsspektrums, das Meteorologen zur Verfügung steht, können Wetterprognosen und Wetterkarten nur etwa 70% Verlässlichkeit für sich beanspruchen.

WETTERDIENSTE

Meteorologen überwachen die atmosphärischen Prozesse rund um den Globus, um die zu erwartenden Wetterbedingungen vorherzusagen.

Überall in der Welt verlässt man sich auf eine genaue Wettervorhersage – der einfache Bürger ebenso wie Experten aus Landwirtschaft, Schiff- und Luftfahrt. Die Vorhersagen sind abhängig von einer genauen und umfassenden Datenerstellung, die von nationalen Wetterdiensten rund um den Globus organisiert und verarbeitet wird. Fast jedes Land besitzt einen nationalen Wetterdienst, vom Australischen Wetterdienst bis zur Meteorologischen Abteilung in Pakistan. In manchen Ländern gibt es neben dem nationalen Wetterdienst weitere meteorologische Organisationen, z. B. in den USA den National Weather Service neben dem Informationsdienst des meteorologischen Instituts der Universität von Hawaii. Die Wetterdienste tauschen Informationen nahezu in Echtzeit aus, und dies spiegelt den bereits seit Mitte des 19. Jahrhunderts bestehenden hohen – auch internationalen – Kooperationsgrad in diesem Wissenschaftsbereich wider. In Deutschland ist der Deutsche Wetterdienst die oberste Behörde für zivile wetterdienstliche Aufgaben. Ähnliche meteorologische Dienste existieren in vielen Ländern rund um die Welt.

INTERNATIONALE ZUSAMMENARBEIT

Die Atmosphärenforschungsstation am Mauna Loa auf Hawaii mit Hauptgebäude (Hintergrund) und Instrumentenkuppeln. Die offene Kuppel beherbergt Instrumente, die die Effekte von atmosphärischem Staub auf das Sonnenlicht messen. Das Observatorium überwacht atmosphärische Bestandteile wie Treibhausgase und Aerosole, die zum Klimawandel beitragen und die Ozonschicht schwinden lassen.

Wettervorhersagen hängen oft auch von Daten aus anderen Ländern ab, sodass die internationale Zusammenarbeit zunehmend wichtiger wird. Dies ist kein neues Phänomen: Als Admiral FitzRoy von der britischen Marine in den 1860er-Jahren erste Vorhersagen erstellte, tauschte er bereits Forschungsergebnisse und wissenschaftliche Methoden mit Wetterdiensten in den USA, Deutschland und Frankreich aus. Die internationale Zusammenarbeit ist inzwischen wesentlich für die Vorhersage des Wetters und darüber hinaus auch der künftigen Klimaentwicklung. Solche Kooperationen ermöglicht z. B. die internationale Weltorganisation für Meteorologie, die 187 Mitglieder hat und den Vereinten Nationen untersteht. Da das Wetter keine Ländergrenzen kennt und die Sorge um den globalen Klimawandel wächst, wird solchen Organisationen in der Zukunft eine immer wichtigere Rolle zukommen.

WETTERBERICHT

Historische Aufnahme vom Ben-Nevis-Observatorium in Schottland. Es wurde 1883 als erste britische Höhenwetterstation eröffnet. Der Ben Nevis ist mit 1343 m der höchste Berg Großbritanniens. Das Observatorium nahm Höhenmessungen von Temperatur, Windgeschwindigkeit, Niederschlag und Luftdruck vor. Es wurde 1904 wegen Geldmangels geschlossen.

Den Wetterbericht in Fernsehen und Radio, in Zeitungen und im Internet nehmen wir als selbstverständlich hin, so sehr ist er Teil unseres Alltags geworden. Die moderne Wettervorhersage gibt es seit Mitte des 19. Jahrhunderts, als das Meteorological Office als nationaler britischer Wetterdienst 1854 gegründet wurde. Das Meteorological Office gab ab 1861 Sturmwarnungen an Schiffe heraus. Einige grundlegende Vorhersagen wurden in der Londoner *Times* veröffentlicht. Wettervorhersagen erschienen ab 1879 in fast allen europäischen Zeitungen. Im November 1922 sendete die BBC die erste Radiowettervorhersage und begann im März des folgenden Jahres mit regelmäßigen Sendungen. Am 11. November 1936 strahlte die BBC die erste Fernsehwettervorhersage der Welt aus. Seitdem haben sich die Wettersendungen gewandelt. Weltweit liefern Fernseh- und Radiodienste regelmäßig Prognosen unterschiedlicher Länge und Detailliertheit.

Das Wetter bändigen

ERNEUERBARE ENERGIEN

Auf dem Dach angebrachte Sonnen-kollektoren (große schwarze Tafeln) nutzen die Wärme des Sonnenlichts, um Wasser zu erwärmen. Dies spart Energie, reduziert Heizkosten und begrenzt den Einsatz von umweltfeindlichen Methoden der Energiegewinnung. Die Aufnahme entstand in Stettlen in der Nähe von Bern in der Schweiz.

Das Wetter für die Energiegewinnung einzusetzen, ist durchaus keine neue Vorstellung. Seit Tausenden Jahren hat der Mensch Sonne, Wasser und Wind genutzt, um Wärme zu erzeugen, die für den Verkehr, in der Landwirtschaft und Industrie benötigt wird. Auf der griechischen Insel Karpathos sind Windmühlen seit Hunderten Jahren in Gebrauch. Auch für die Niederlande sind sie bis heute ein Wahrzeichen, obwohl sie kaum noch genutzt werden. Angesichts von Umweltverschmutzung und beschränkten fossilen Energieressourcen erscheint der Rückgriff auf erneuerbare Energien immer attraktiver. Die Technologien von Sonnen-, Wind- und Wasserenergie haben sich weiterentwickelt, und was einst als nebensächliche Energiequellen schien, gewinnt zunehmend an Bedeutung. Natürlich sind sie vom Wetter abhängig.

WOLKENIMPFUNG

Das russische Höhenflugzeug Mjassischtschew M-17 ist in erster Linie für Kartierungsaufnahmen und Hagelkontrolle vorgesehen. Nebenbei impft es Gewitterwolken mit kleinen Kristallen. Daraufhin entlädt die Wolke ihren Regen oder Hagel, bevor sie in Erntegebieten große Schäden anrichten können.

In Massachusetts in den USA fand 1946 ein Versuch statt, um die Niederschlagsmenge von Wolken zu steigern. Dabei wurde eine Wolke von einem Flugzeug mit Trockeneis (gefrorenem Kohlendioxid) „geimpft". Tatsächlich begann es daraufhin zu schneien. Kurze Zeit später entdeckte man, dass Silberiodid dieselbe Wirkung hat; heute wird es ebenfalls zum Impfen verwendet. In trockenen Weltregionen mit wachsender Bevölkerung, wo gesteigerte Ernteerträge von großer Wichtigkeit sind, wird jedes Mittel zur Erhöhung der Regenmengen freudig begrüßt. Konventionellerweise setzt man auf Bewässerungsprogramme mit Großstaudämmen und Stauseen, aber mancherorts wird auch der Niederschlag mittels Wolkenimpfen manipuliert. Das größte „Regenmacher"-Programm gibt es in China, wo Raketen in die Atmosphäre starten, um Niederschläge über Trockengebieten und über der Hauptstadt Peking zu verstärken. In den USA wird das Wolkenimpfen ebenfalls eingesetzt, um die Regenmengen über dürregefährdeten Bereichen zu steigern, aber auch um Nebel in Flughäfennähe zu reduzieren. Gelegentlich nutzt man die Technik auch in Wintersportorten, damit es dort ausreichend schneit.

SONNENKRAFT

Die Sonnenkraft wird in vereinfachter Form seit Tausenden Jahren im Haushalt und in der Landwirtschaft genutzt. Dank moderner Technik kann man die solare Energie heute fast überall – sogar im hohen Norden – zur Wärmeerzeugung einsetzen. Die bevorzugten Standorte von Großkraftwerken liegen jedoch im Süden, wo die Sonneneinstrahlung intensiver und die Wolkendecke niedriger ist. Die starke Sonnenstrahlung dort ermöglicht eine wirtschaftliche Wärme- und Stromgewinnung.

Es gibt drei Arten der Solarenergieerzeugung. Die erste verwendet Solarzellen oder Fotozellen, die Licht direkt in elektrische Energie umwandeln. Sie bietet sich für sonnenreiche Gebiete wie Kalifornien und Südfrankreich an. Die Technik ist jedoch immer noch relativ aufwendig und kommt deshalb im privaten Bereich kaum zum Einsatz. Am bekanntesten ist das Erzeugen von Warmwasser mit Sonnenkollektoren. Diese erwärmen Brauchwasser und können bei zuverlässigem Sonnenschein das Haus sogar solar beheizen. Meistens wird das Heizungswasser aber nur angewärmt, sodass für eine angemessene Temperatur nur wenig zusätzliche konventionelle Energie anfällt. Ein dritter Weg sind Sonnenöfen. Hierbei bündeln riesige Spiegelanordnungen die Sonnenstrahlen und erzeugen dadurch extrem hohe Temperaturen. Der Sonnenofen in Odeillo in Frankreich erzeugt Temperaturen von über 3500 °C.

Trotz offenkundiger Vorteile gibt es auch Nachteile: So scheint die Sonne nachts nicht – und dann gibt es auch keinen Strom. Bei bedecktem Wetter oder in den hohen Breiten reicht die wenige erzeugte Energie gerade einmal für Anwendungen mit geringem Strombedarf aus. Dies schließt jedoch nicht aus, dass die Solartechnologie im Privatbereich einst konventionelle Energiequellen ergänzen oder sogar ersetzen kann.

Parabolförmige Reflektoren eines Sonnenkraftwerks in White Cliffs in Australien. Jeder Parabolspiegel bündelt Sonnenstrahlen auf einen Absorber, in dem die Strahlungsenergie in Wärme überführt wird. Ein Rechner führt die Reflektoren der Sonne nach.

WINDKRAFT

Mit Windmühlen, wie man sie noch in den Niederlanden, Spanien und Griechenland sieht, verbinden wir vor allem Tradition und einfaches Landleben. Tatsächlich demonstrieren sie aber nicht nur, wie wertvoll der Wind in der Vergangenheit als Energiequelle war, sondern weisen auch auf seine zukünftige Bedeutung hin. Früher arbeiteten die Windmühlen mit Flügeln oder Schaufeln, die eine mit mehreren Zahnrädern verbundene Achse drehten. Die Zahnräder wiederum versetzten einen Mühlstein in Rotation, der Getreide zu Mehl zermahlte. Manchmal trieben Windmühlen auch den Balg von Eisenschmieden an. Moderne Windparks bieten einen völlig anderen Anblick. Die auffälligen Windkraftanlagen sind 40 bis 130 m hoch, und ihre Rotoren können einen Durchmesser von 125 m haben. Eigentlich ist ein Windkraftwerk ein auf einem Turm montierter Stromgenerator. Der Wind versetzt die Rotoren in Bewegung. Über eine Welle wird die Drehung auf einen Generator übertragen. Bei zu starkem Wind werden die Rotoren gebremst. Damit eine Windfarm lukrativ ist, sind ausreichend viele Windkraftwerke notwendig. Außerdem muss überschüssige Energie gespeichert werden können. Windkraftanlagen haben nicht nur Freunde: Umweltschützer sehen in ihnen eine Bedrohung für Zug- und Brutvögel, und Anwohner von Windfarmen klagen über das Rotorengeräusch. Und sie sind vom Wind abhängig, denn ohne Wind gibt es keinen Strom. Im Jahr 2005 betrug die Windenergieproduktion weltweit nur 1%. In Dänemark sind es jedoch 23% und in Deutschland immerhin 7%. Die Windenergiegewinnung ist global im Anstieg begriffen und hat sich zwischen 1999 und 2005 mehr als vervierfacht. Die Ausbreitung von Windparks an den windreichen Küsten Europas bezeugt das riesige Potenzial dieser Energiequelle. Da Windparks an Land umstritten sind, werden sie nun mehr und mehr als Off-Shore-Anlagen vor der Küste errichtet. Auch im Privatbereich eingesetzte Hausgeneratoren werden ökonomischer, effizienter und beliebter.

Windturbinen an einer Hafenmauer vor Sonnenaufgang. Jede Turbine verfügt über drei Rotorblätter, die um eine waagerechte Achse rotieren und über eine Welle einen elektrischen Generator antreiben. Damit die Rotoren gut arbeiten können, müssen sie so ausgerichtet werden, dass sie direkt im Wind stehen. Windräder sind eine umweltfreundliche Energiequelle, da sie weder toxische Abfallprodukte freisetzen noch von beschränkten Energieressourcen abhängig sind.

WASSERKRAFT

Gegenwärtig ist die Hydroelektrizität die gebräuchlichste Methode zur Stromgewinnung. Wasserkraft wird schon seit vielen Jahrhunderten verwendet, um Getreidemühlen und Maschinen anzutreiben. Für die Stromerzeugung werden heute Staudämme in großem Maßstab errichtet, die massive Wasservolumen in einem Stausee zurückhalten. Wasserkraft verursacht keine Verschmutzung und ist sicher, sobald die Anlagen einmal errichtet sind. Die Bauarbeiten selbst bringen jedoch immense Beeinträchtigungen für Anwohner und Umwelt mit sich – Menschen werden umgesiedelt, ganze Dörfer, selbst Städte werden manchmal geflutet und Tierhabitate zerstört. Zurzeit werden 18 % der weltweiten Stromerzeugung von Wasserkraftwerken geliefert. In Deutschland sind es nur 5 %, aber in Ländern mit höherem Gesamtniederschlag und geeigneten Standorten wird deutlich mehr Hydroelektrizität generiert. Länder wie Neuseeland, Norwegen und Island produzieren große Energiemengen mit Wasserkraftwerken. Der Drei-Schluchten-Staudamm in China ist gegenwärtig wohl das berühmteste und umstrittenste hydroelektrische Kraftwerk der Welt. Er befindet sich am Jangtse in der Nähe der Stadt Yichang. Die Bauarbeiten für den Damm begannen 1994 und wurden im Wesentlichen 2003 abgeschlossen. Nach der für 2009 geplanten vollständigen Eröffnung wird das Kraftwerk eine Leistung von 18 000 MW erbringen, um den Energiebedarf Chinas zu decken. Ursprünglich sollte das Werk 10 % der chinesischen Stromerzeugung abdecken. Angesichts des außergewöhnlichen Konjunkturwachstums in China geht man zurzeit von nur 3 % aus. Zwar bringt der Kraftwerkbau Verbesserungen für die Flussschifffahrt mit sich und dämmt auch das Hochwasserrisiko im Jangtsetal ein, doch gleichzeitig hat er massive Probleme für die Bevölkerung vor Ort geschaffen. Fast zwei Millionen Menschen wurden zwangsumgesiedelt, damit ein 600 km langer See entstehen konnte. 40 000 ha besten Ackerlands sind für immer in den Fluten untergegangen, ebenso der Lebensraum seltener Arten.

Diese Wassermühle verfügt seit 1888 über eine integrierte Turbine. Die Technik hinter der Wassermühle ist alt – schon die Griechen und die Römer haben sie verwendet.

Klima der Vergangenheit

KLIMA-TRENDS

Versteinerte Überreste von Archäopteryx. Sie wurden im Kalkstein des späten Juras (213–144 Millionen Jahre) bei Solnhofen in Bayern gefunden. Archäopteryx gilt als Übergangsform zwischen Reptil und Vogel. Er besaß viele Merkmale eines Kleindinosauriers, dazu Federn sowie reptilien- und vogelartige Klauen an seinen Flügeln. Er war ungefähr so groß wie eine Krähe.

Vor 4,6 Milliarden Jahren entstand unsere Erde. Die Bildung von Gletschern und Eisschilden setzte vor ungefähr 2,7 Milliarden Jahren ein. Seitdem war die Erde wiederholt kleinen und großen Klimaänderungen unterworfen. Die letzten 65 Millionen Jahre gehören zum Neozoikum oder zur Erdneuzeit. Während eines Großteils dieser erdgeschichtlichen Ära kühlte sich unser Planet in unregelmäßigen Schritten ab. Gegenwärtig leben wir im Quartär, einem geologischen System der Erdneuzeit, das vor etwa 2,6 Millionen Jahren begann. Sein erster Abschnitt, das Pleistozän, kannte sieben größere Vereisungszeiten, während der insgesamt 30% der Erde von Eis bedeckt waren. Der heutige Abschnitt ist das Holozän, das vor etwa 11 700 Jahren mit einer Erwärmung einsetzte. Vermutlich handelt es sich um eine Zwischeneiszeit. Zwar sind die zahlreichen Indizien für eine Erderwärmung infolge menschlicher Aktivität nicht zu leugnen, dennoch gilt es zu bedenken, dass in der geologischen Vergangenheit immer wieder ähnliche Schwankungen auftraten. Daher können wir trotz aller Hinweise nicht genau wissen, was die Zukunft für unser Klima bereithält.

DAS ERDALTERTUM

Die Klippe aus Sedimentgestein im Zion-Nationalpark in Utah zeigt einen ausgeprägten Schichtenaufbau. Die oberen Gesteinsschichten wurden vor 10 Millionen Jahren abgelagert, während die unteren Schichten über 250 Millionen Jahre alt sind. Je nach Zusammensetzung weist das Gestein unterschiedliche Farben auf. Der rote und gelbe Sandstein enthält unterschiedliche Mengen an mineralischen Einlagerungen. Die auffällig graue Schicht gehört zur Chinleschicht, einer Grauwackeablagerung aus der späten Trias vor 210 Millionen Jahren. In ihr wurden Dinosaurierabdrücke gefunden.

Vor 370 Millionen Jahren lagerten sich die ersten Sedimentgesteine wie Kalkstein, Sandstein und Kreide auf dem Grund von Ozeanen und Seen ab. Damals lagen die Erdtemperaturen gut 10 °C höher als heute. Die ersten Lebensformen, die Algen, waren bereits vor 3,5 Milliarden Jahren in der Erdfrühzeit entstanden. Bis zum Beginn des Mesozoikums oder Erdmittelalters – der Ära der Dinosaurier – vor 248 Millionen Jahren wechselten Kaltzeiten intensiver Vereisung wiederholt mit Warmzeiten. Darauf lassen die während dieser Epoche abgelagerten Sedimentgesteine schließen. In ihnen eingeschlossene Pflanzenfossilien belegen, dass das Klima während des Erdaltertums erheblich wärmer und feuchter als heute war. Aus dieser erdgeschichtlichen Ära sind z. B. Farnfossilien erhalten, die erstmals im Devon und Karbon – also vor 408 bis 286 Millionen Jahren – auftraten. Diese Pflanzen benötigten zum Überleben feuchtwarme Bedingungen. Im 19. und 20. Jahrhundert förderte der Kohlebergbau viele versteinerte Farnsamen in Ablagerungen des Karbons zutage.

DAS ERDMITTELALTER

Computerdarstellung der Erde vor etwa 65 Millionen Jahren. Man erkennt Nordamerika, Südamerika und Afrika. Lage und Form der Kontinente haben sich im Lauf der Zeit durch Kontinentaldrift, Erosion und Klimawandel verändert.

Der Film *Jurassic Park* und seine Nachfolger künden von der Faszination, die die Dinosaurier des Mesozoikums oder Erdmittelalters auf uns ausüben. In den geologischen Systemen Trias und Jura kam es zur Entwicklung vieler Dinosaurierarten. Ein Grund dafür waren die warmen Ozeane, die für hohe Niederschläge an Land und damit für ein üppiges Pflanzenwachstum sorgten, und das wiederum begünstigte die Entwicklung von gewaltigen Pflanzen fressenden Dinosauriern. Gegen Ende der Trias kam es durch die Kontinentaldrift – einem langsamen Auseinandertreiben der Kontinente – zu einem massiven Umbruch mit Auswirkungen auf die globalen Meeresströmungen und die Temperaturen der Kontinente. Das Pflanzenwachstum wurde in der Folge erheblich beeinträchtigt, und so vermutet man im schrumpfenden Nahrungsangebot eine Ursache für das Aussterben der Dinosaurier.

DAS PLEISTOZÄN

Vereisungsperioden sind ein häufiges Phänomen in der Erdgeschichte. Nach wissenschaftlichen Erkenntnissen treten Eiszeiten im Durchschnitt alle 200 bis 250 Millionen Jahre auf und dauern mehrere Millionen Jahre an. Eine Vereisung zeichnet sich durch große Klimaunterschiede zwischen Polen und Äquatorialregionen aus. Das Eis der Pole dringt in niedrigere geografische Breiten vor und lässt großflächige Eisschilde auf Land und Meer sowie riesige Talgletscher entstehen. Im gegenwärtigen geologischen System der Erdneuzeit, dem Quartär, hat die Erde insgesamt drei Abkühlungsperioden erlebt – vor etwa 36, 15 und 3 Millionen Jahren. Nach zahlreichen geologischen Indizien zu schließen, waren riesige Landstriche einst von Eis bedeckt. Nach der Eisschmelze blieben steilwandige Trogtäler mit u-förmigem Querschnitt zurück, die am Grund und an den Hängen mit Gesteinsschutt bedeckt sind. Solche Trogtäler sind heute noch in Nordeuropa zu sehen. In der Arktis und in Gebirgsregionen lassen sich Gletscherprozesse unmittelbar verfolgen; betrachtet man die daraus hervorgehenden Landschaftsformen in anderen Weltregionen, bekommt man eine Vorstellung von den Auswirkungen eines Klimawechsels.

Ein Gletscher ist ein riesiges Eisfeld aus verdichtetem Schnee, das sich langsam voranbewegt. Nach dem Abschmelzen bleiben Moränen (Gesteinsschutt) zurück. Beim Gletscherrückgang schmilzt das Eis schneller, als sich Schnee ansammeln kann.

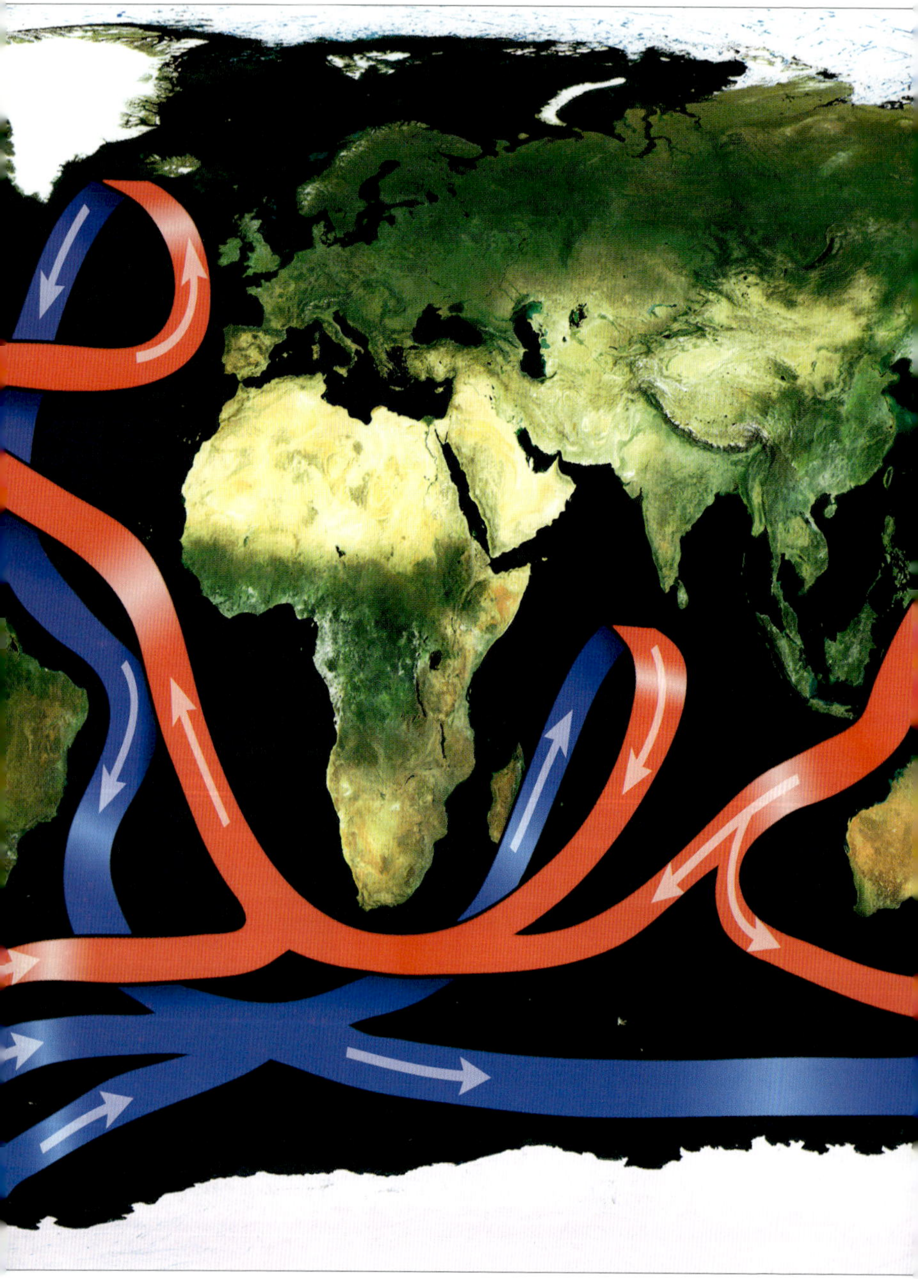

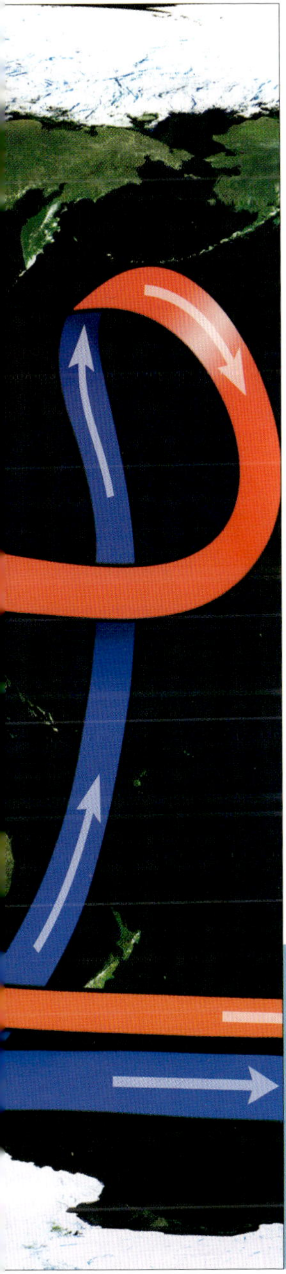

MILANKOVIĆ-ZYKLEN

Der serbische Astrophysiker Milutin Milanković (1879–1958) entwickelte eine mathematische Klimatheorie auf der Grundlage von Schwankungen der Sonneneinstrahlung je nach Jahreszeit und Breitengrad. Nach der von ihm entwickelten Milanković-Theorie lassen zyklische Variationen im räumlichen Verhältnis von Erde und Sonne zueinander unterschiedlich viel Sonnenstrahlung zur Erde gelangen. Danach verändert die ohnehin leicht elliptische Erdumlaufbahn in regelmäßigen Intervallen zusätzlich ihre Form und wird elliptischer. Dadurch erhält die Erde weniger Sonnenstrahlung. Der Winkel zwischen Erdachse und Bahnebene beträgt gegenwärtig 23,44°. Milanković vermutete, dass dieser Winkel periodisch zwischen 22° und 24° schwankt. Die Verschiebung der Erdachse beeinflusst die empfangene Sonnenstrahlung und bewirkt somit Erwärmungs- und Abkühlungszyklen. Milanković erkannte außerdem in den Eiszeiten des Quartärs der letzten Millionen Jahre große Klimazyklen von 100 000 Jahren und Kleinzyklen von etwa 26 000 Jahren. Die Kleinzyklen werden ausgelöst durch die Präzession, eine Verlagerung der Rotationsachse der Erde. Die Erde verhält sich demnach ähnlich wie ein langsamer werdender Kreisel und vollzieht eine Kreisbewegung in der Himmelssphäre.

Das Satellitenbild zeigt die Erde mit einer Karte der globalen Ozeanzirkulation. Meeresströmungen umfließen die Erde aufgrund unterschiedlicher Temperaturen und Salzgehalte. Eine Warmwasserströmung (rot) bewegt sich vom Pazifik an der Meeresoberfläche nach Westen. Dabei verdunstet Wasser, und der Salzgehalt steigt. Der Golfstrom befördert warmes, salziges Wasser vor die Ostküste Nordamerikas und dann in Richtung Europa. In den kalten nördlichen Breiten wird das Wasser so dicht, dass es auf den Meeresboden absinkt und sich nach Süden bewegt (blau). Eine Störung des Golfstroms durch die globale Erwärmung könnte in Europa eiszeitliche Verhältnisse auslösen.

EISBOHRKERNE

Wissenschaftler entnehmen einen in 10 m Tiefe gewonnenen Eisbohrkern bei der britischen Forschungsstation Rothera in der Antarktis. Chemische Analysen von Eisbohrkernen bieten Klimainformationen über einen Zeitraum von mehreren Hundert Jahren. Die Lufteinschlüsse im Firn, der oberen gefrorenen Schneeschicht, liefern damit direkte Indizien für die Zusammensetzung der damaligen Atmosphäre. Durch die Erforschung der Vergangenheit erhalten wir bessere Berechnungsmodelle für bevorstehende Veränderungen.

Umfangreiche Archivsammlungen mit historischen Wetteraufzeichnungen erlauben Rückschlüsse auf das Wettergeschehen der letzten 150 Jahre. Schwieriger ist es, das Klima einer weiter zurückliegenden Vergangenheit zu rekonstruieren. Häufigste Quellen sind Baumringe, Meeres- und Gewässersedimente und aus Gletschern oder Eisschilden entnommene Eisbohrkerne. In der Arktis und vor allem der Antarktis haben Klimawissenschaftler Eisproben aus den gewaltigen Eisschilden entnommen. Für die sogenannten Eisbohrkerne werden Bohrungen bis in eine Tiefe von 3 km unternommen. Dort kann das Eis 100 000 Jahre alt sein. Es besteht aus dem verdichteten Schnee, der zu dieser Zeit fiel. Da der Schnee nie geschmolzen ist, kann man deutlich die aufeinanderfolgenden Ablagerungen der Jahreszeiten erkennen. Deshalb sind Eisbohrkerne auch so nützlich, um jahreszeitliche und langfristige Klimavariationen zu erforschen. Alles, was sich zu jener Zeit in der Luft befand, wurde zusammen mit dem Schnee abgelagert. Pollen dokumentieren die Pflanzenarten und bilden das Klimageschehen ab. Eine wichtige Informationsquelle ist die wechselnde Konzentration von gelösten Säuren und Salzen. Natürliche Schwankungen von Treibhausgasen wie Kohlendioxid erweisen sich als sehr nützlich bei der Erforschung vergangener und zukünftiger Klimate.

GEOLOGISCHE HINWEISE

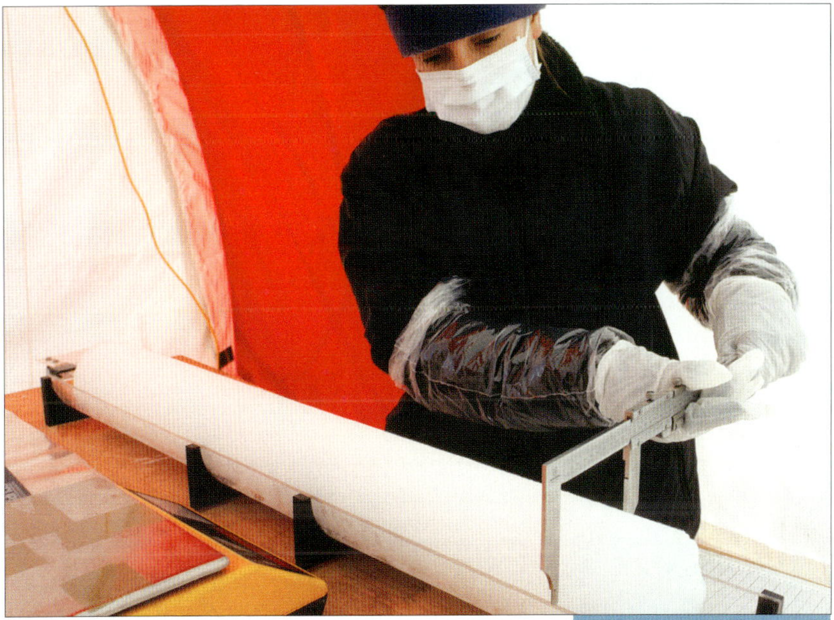

Eine Forscherin misst einen Eisbohrkern, um seine Dichte zu bestimmen. Diese wiederum liefert Anhaltspunkte für die Datierung. Das Eis bildete sich vor über 1000 Jahren aus verdichtetem Schnee, und seine Analyse gibt Auskunft über die damaligen Klimabedingungen. Bohrkerne machen Veränderungen des Klimas und der Luftzusammensetzung über Tausende Jahre nachvollziehbar. Dieser Bohrkern wurde im Königin-Maud-Land im Rahmen des europäischen Forschungsprojekts EPICA zur Durchführung von Eiskernbohrungen in der Antarktis gezogen.

An Proben von Sedimentablagerungen am Meeres- oder Gewässergrund gelangt man mit demselben Verfahren wie an Eisbohrkerne. Ähnlich wie diese bieten die Sedimente ein „Archiv" der abgelagerten Materialmengen und -arten. In einer sehr trockenen Zeit fallen die Sedimentschichten eher dünn aus, in einer niederschlagsreichen Zeit ist das Gegenteil der Fall. Auch die Größe der Sedimentpartikel liefert Anhaltspunkte, da größere Partikel nur dann mitgetragen werden, wenn die Strömungsenergie der Flüsse ausreicht, um sie aufzunehmen. Im März 2003 schloss ein Artikel im *Science Magazine* aus mexikanischen und venezolanischen Gewässersedimenten auf eine Dürreserie zwischen 810 und 910. Diese Daten stimmen mit der Aufgabe der Mayastädte überein, und somit könnten Dürreperioden den mysteriösen Untergang der Mayazivilisation verursacht haben.

DENDROCHRONOLOGIE

Jedes Jahr legt sich eine neue Schicht Xylemzellen um den Baumstamm. Die älteren Zellen trocknen aus und sterben ab. Jeder Baumring entspricht einem Jahr, sodass man das Alter des Baumes an der Anzahl der Ringe ablesen kann. Die von Jahr zu Jahr auftretenden klimatischen Schwankungen bewirken unverwechselbare Muster aus breiten und schmalen Ringen, die sich bei den Bäumen einer Region wiederholen.

Auch die Dendrochronologie ermöglicht Rückschlüsse auf Klimate der Vergangenheit. Das Baumwachstum eines jeden Jahres ist im Stammquerschnitt an einem Ring ablesbar, der die Klimabedingungen jener Zeit festhält. Er gibt Auskunft über Niederschlag, Sonnenlicht, Wind, Bodenbeschaffenheit, Temperaturverlauf und Schneefall. Schwankungen in der Dicke der Wachstumsringe verweisen auf Schädigungen, etwa durch eine Dürre oder Mangel an Sonnenlicht. Solche Anhaltspunkte reichen zurück bis zum Ende der letzten Eiszeit vor etwa 10 000 Jahren. Die ältesten lebenden Bäume sind die kalifornischen Grannenkiefern, die bis zu 5000 Jahre alt werden und damit eine wichtige Informationsquelle sind.

DIE KLEINE EISZEIT

Ein Baum auf einem Drumlin, einem walfischförmigen, durch Gletscher geformten Hügel. Die Aufnahme entstand bei Menzingen in der Schweiz. Der Drumlin entstand vor etwa 10 000 Jahren, als der Linthgletscher in der letzten Eiszeit die Region prägte.

Hungersnot, vorrückende Alpengletscher und zugefrorene Flüsse – dies waren die Folgen einer temporären Abkühlung der Erdatmosphäre zwischen dem 15. und 19. Jahrhundert, der Kleinen Eiszeit. Zu jener Zeit lag die Schneegrenze in den Alpen bis zu 200 m tiefer, und das Treibeis drang bis Westnorwegen vor. Während der ungewöhnlich kalten Winter froren die Ostsee und selbst Ströme regelmäßig zu. Volksvergnügungen wie Bogenschießwettbewerbe auf zugefrorenen Flüssen wurden erstmals 1564 erwähnt und im 17. Jahrhundert in großem Maßstab abgehalten, als die Kleine Eiszeit zwischen 1550 und 1750 ihren Höhepunkt erreichte. Als die Themse 1685 zwei Monate lang zufror, wurde eine Frostkirmes auf ihr abgehalten. Geschäftstüchtige Händler stellten auf dem Eis Marktbuden auf und rösteten einen Ochsen am Spieß. Dass selbst König Karl II. mit seiner Familie die Frostkirmes besuchte, zeugt von ihrer Beliebtheit. Die Flussschiffer, die quasi die Taxifahrer jener Zeit waren, hatten ihre Lebensgrundlage verloren; sie schlugen nun Löcher in das Eis und brachten die Leute gegen Geld vom Flussufer über die offenen Stellen zum festen Eis.

Klima der Zukunft

KLIMAWANDEL

Die Erdatmosphäre unterliegt einem stetigen, aber sehr langsamen Zyklus der Veränderung. Dass sich das Klima in der Vergangenheit wiederholt geändert hat, belegen durch Gletscheraktivität entstandene Täler und Berge ebenso wie Sanddünen, Fossilien und Kohleablagerungen, die Überreste ehemaliger tropischer Wälder sind. Somit kann die Vorstellung eines bevorstehenden Klimawandels an sich nicht überraschen.

Früher war man der Ansicht, dass ein Klimawandel sich sehr langsam vollzieht. So hatte es nach dem Ende der letzten Eiszeit vor gut 10 000 Jahren wohl viele Jahrhunderte gedauert, bis das Eis abgeschmolzen war. Bis vor Kurzem ging man von relativ kurzen Schwankungen aus, die 30 bis 100 Jahre andauern, jedoch in eine langfristige Entwicklung eingebettet sind.

In den letzten Jahren sind jedoch Zweifel an dieser Vorstellung aufgekommen. Der Klimawandel wird mit großer Sorge betrachtet und nimmt national wie international großen Raum in der öffentlichen Diskussion ein. Nach einer Hauptthese ist menschliche Aktivität für die Beschleunigung des Klimawandels verantwortlich. Außerdem wurde erkannt, dass sich Klimaveränderungen in der Vergangenheit deutlich schneller vollzogen als vermutet, eher in nur einem als über mehrere Jahrhunderte. Die größte Sorge gilt nun einem deutlichen Anstieg der globalen Temperaturen. Nach jüngsten Forschungserkenntnissen ist die Durchschnittstemperatur der Erde seit 1960 um 0,5 °C und seit Beginn der industriellen Revolution um 0,6 °C gestiegen.

In den letzten Jahren haben sich die Befürchtungen vor den Auswirkungen der globalen Erwärmung noch verschärft. Die internationale Gemeinschaft hat das Kyoto-Protokoll von 1997 unterzeichnet und auf der Bonner Klimakonferenz 2006 erneut Maßnahmen diskutiert, um die Treibhausemissionen und die Risiken des bevorstehenden Klimawandels zu verringern.

Perlmutter- oder polare Stratosphärenwolken vom Typ II (PSC II), gesehen aus einem DC-8-Forschungsflugzeug der NASA über der Arktis. Die hellen Perlmutterwolken befinden sich in einer Höhe von 15 km und bestehen aus Wassereiskristallen. Ursache für ihre wellenartige Form sind schwingende Luftströmungen, die beim Überströmen eines Gebirges entstanden sind. Perlmutterwolken bilden sich in den Polwirbeln, die Süd- und Nordpol ringförmig umströmen. Polare Stratosphärenwolken vom Typ I bestehen aus Salpetersäurekristallen und werden mit den chemischen Prozessen in Verbindung gebracht, die den Ozonschwund über Arktis und Antarktis verursachen.

SAURER REGEN

In den 1970er- und 1980er-Jahren stellten die skandinavischen Länder massive Schäden an ihren Nadelwäldern und Seen fest. Bäume starben ab, und Seen, Flüsse und Böden versauerten. Das Waldsterben wurde auf sauren Regen zurückgeführt. Als Verursacher wurden die Länder weiter im Süden – besonders Großbritannien – ausgemacht, wo über Jahrzehnte hinweg fossile Brennstoffe intensiv genutzt wurden. Südwestwinde hatten die dabei entstehenden Gase über die nordischen Länder getragen, wo sie als saurer Regen fielen.

Der saure Regen umfasst sowohl eine nasse wie eine trockene Ablagerung. Beide haben einen die normale Konzentration übersteigenden Salpeter- und Schwefelsäuregehalt. Dies kann z. B. durch Vulkanausbrüche natürlich verursacht sein. In der öffentlichen Diskussion ist aber meist der durch den Eingriff des Menschen verursachte saure Regen gemeint. Wenn fossile Treibstoffe verbrennen, setzen sie Schwefeldioxid und Stickstoffdioxid frei. Diese reagieren in der Atmosphäre mit Wasserdampf, Sauerstoff und anderen chemischen Stoffen. Das Ergebnis sind schwache Schwefel- oder Salpetersäuren, die als saurer Regen, Nebel, Dunst oder auch als saurer Schnee zu Boden gelangen.

Die trockene Ablagerung tritt bei Verbrennung auf, wenn Schwefeldioxid und Stickstoffdioxid freigesetzt und von Winden über die Landesgrenzen getragen werden. Schätzungsweise 50 % aller Säuren in der Atmosphäre treten als trockene Ablagerung auf. Die chemischen Stoffe setzen sich im Boden, in Strömen und in Seen ab. Ein Teil davon landet auf Bäumen und Pflanzen und wird vom Regen abgewaschen, der dadurch sauer wird.

In den Nadelwäldern am Mount Mitchell in North Carolina sind viele Bäume vom sauren Regen geschädigt. Beim plötzlichen Triebsterben werfen die Bäume ihre Nadeln ab und verkümmern. Gerade Nadelbäume reagieren empfindlich auf sauren Regen.

DIE AUSWIRKUNGEN

Saurer Regen tötet Pflanzen nicht direkt. Er schwächt sie vielmehr, indem er die Wurzeln schädigt, sodass sie weniger Nährstoffe aufnehmen können. Saures Wasser wäscht lösliche Nährstoffe und Mineralien aus dem Erdboden aus. Dadurch gelangen sie in niedrigere Bodenschichten, wo sie für die Pflanzenwurzeln unerreichbar sind.

Der saure Regen hinterlässt auch an Bauwerken seine Spuren und greift alkalische kalkhaltige Baumaterialien an. Die Turmspitzen des Kölner Domes, aus weichem Trachyt vom Drachenfels gefertigt, wurden vom sauren Regen und den sauren trockenen Verbindungen einfach zerfressen. Weitere bekannte Beispiele sind das Kolosseum in Rom und der Parthenon in Athen. Es wird geschätzt, dass der saure Regen jeden Tag einen Eimer Kalkstein aus der Londoner St. Paul's Cathedral herauslöst. Inzwischen ragen die bei ihrer Errichtung eingesetzten Bleizapfen mehrere Zentimeter aus der Wand heraus und veranschaulichen damit die Zersetzungsrate des Steines seit dem 17. Jahrhundert. Ähnliche Effekte einer sauren Atmosphäre lassen sich überall in den Städten an Kirchen, öffentlichen Gebäuden und auch an Grabsteinen beobachten.

Auch die Auswirkungen von saurem Regen und seinen Spielarten auf die menschliche Gesundheit sind durchaus ernst zu nehmen. Eigentliche Problemquelle sind die schädlichen Schwefel- und Stickstoffdioxidverbindungen in der Luft, weniger das saure Wasser. Die Gase reagieren in der Atmosphäre und bilden feine Sulfat- und Nitratpartikel, die beim Einatmen bis tief in die Lunge eindringen. Wissenschaftliche Studien belegen eine Verbindung zwischen den Partikeln und Krankheiten und Todesfällen – von Herz- und Lungenerkrankungen über Asthma bis hin zu Bronchitis.

Bekannt ist auch, dass Stickstoffoxide mit flüchtigen organischen Verbindungen reagieren und gesundheitsschädliches Ozon bilden. Bodenozon reizt die Schleimhäute und verursacht Lungenentzündungen, Asthma und Lungenemphyseme.

Das Fassadenrelief von St. Bartholomew in Manhattan in New York zeigt Schäden durch Luftverunreinigungen und sauren Regen.

DER NATÜRLICHE TREIBHAUSEFFEKT

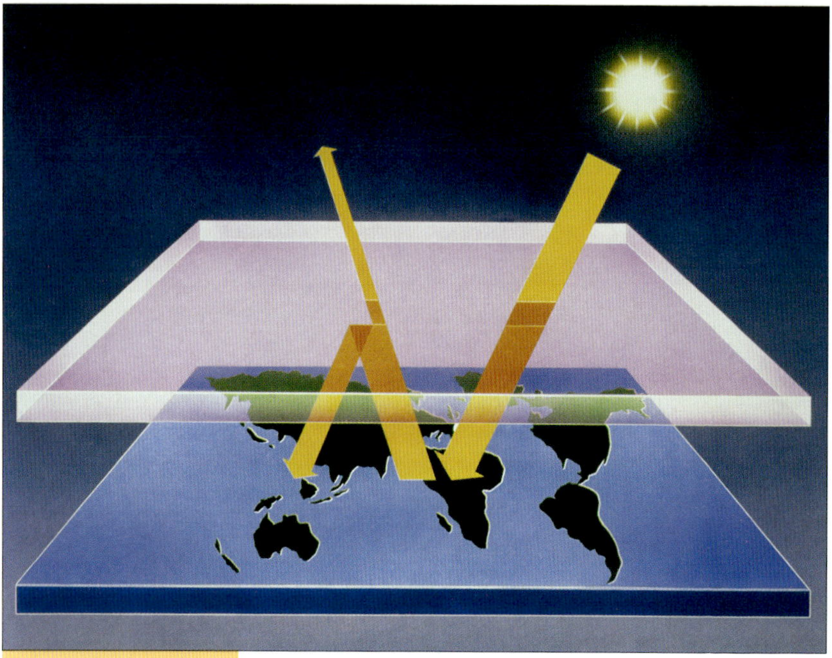

Darstellung zum Treibhauseffekt. Bestimmte Gase halten in der Troposphäre, der untersten Schicht der Atmosphäre, einen erheblichen Teil der Sonnenstrahlung zurück. Dies sorgt für eine allmähliche Erwärmung des gesamten Planeten. Hier erscheint die verschmutzte Troposphäre als violette Scheibe, die nur einen Bruchteil der Rückstrahlung (gelbe Pfeile) wieder in den Weltraum entlässt.

Dank Treibhausgasen wie Kohlendioxid, Ozon und Methan ist die Erde überhaupt bewohnbar. Die Gase absorbieren Infrarotstrahlung und erwärmen den Planeten, sodass Leben auf ihm existieren kann. Verändert sich das Gleichgewicht zwischen den Treibhausgasen durch das Wirken des Menschen, kommt es zum sogenannten verstärkten Treibhauseffekt. Dies erkannte der französische Physiker Jean Baptiste Joseph Fourier 1824. Die Erde empfängt Sonnenenergie in Form von Strahlung, die hauptsächlich das sichtbare Spektrum umfasst. Der Großteil hiervon – etwa 70 % – wird von Atmosphäre, Landmassen und Gewässern absorbiert und schließlich wieder in den Weltraum abgestrahlt. Etwa 30 % der eingehenden Energie wird noch vor Erreichen der Oberfläche wieder in den Weltraum reflektiert. Dieser Zyklus sorgt für ein Gleichgewicht auf der Erde. Erhebliche Abweichungen davon geben Anlass zu Sorge.

TREIBHAUSGASE

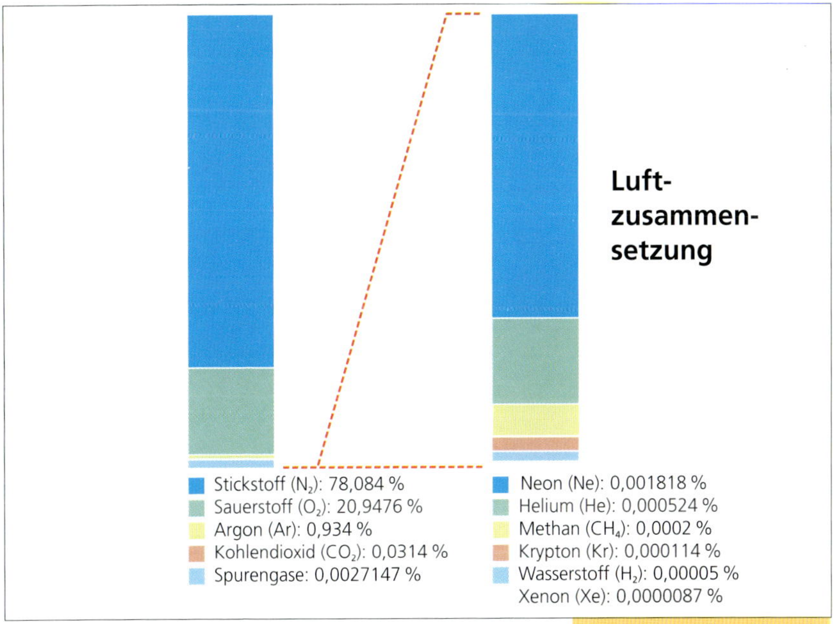

Diagramm zur chemischen Zusammensetzung von Luft. Die Atmosphärenprozesse sorgen für eine durchschnittliche Oberflächentemperatur von etwa 15 °C. Ohne den Treibhauseffekt sänke die Temperatur der Erde auf −18 °C, was für Leben viel zu niedrig wäre. Somit hält die Atmosphäre ähnlich wie ein Treibhaus den Planeten warm.

Die wichtigsten Treibhausgase sind Wasserdampf, Methan, Salpeteroxid und Kohlendioxid mit einem signifikanten Anteil Ozon und Fluorchlorkohlenwasserstoffen. Seit der industriellen Revolution hat die Konzentration von Kohlendioxid, Salpeteroxid und Methan in der Atmosphäre beträchtlich zugenommen. Laut neuesten Daten des Mauna-Loa-Observatoriums ist der CO_2-Gehalt zwischen 1960 und 2005 von 313 auf 375 ppm gestiegen. Nach globalen Klimamodellen ist der Anstieg des CO_2-Gehalts für die Aufheizung der Erdatmosphäre verantwortlich. In den letzten 150 Jahren hat sie sich um 0,6 °C erwärmt – allein seit 1960 um 0,5 °C. Zwar sprechen zahlreiche Indizien dafür, dass die Erwärmung durch menschliche Aktivität begründet ist, doch die Frage bleibt umstritten.

DIE OZONSCHICHT

Darstellung des Ozonlochs über der Antarktis. Die Ozonschicht tritt in einer Höhe von 15 bis 25 km auf, konzentriert sich aber am stärksten bei 17 bis 21 km (in Weiß dargestellt). Durch das Loch fällt UV-Strahlung (violett) ein. Die Abbildung zeigt eine Boeing 737 in 12 km Höhe, eine Concorde in 15 km Höhe und ein ER-2-Forschungsflugzeug in 18 km Höhe, das von der NASA für die Erforschung des massiven Ozonrückgangs eingesetzt wird. Das jahreszeitliche Phänomen tritt im antarktischen Frühjahr auf. Seit 1968 nimmt die Ozonschicht beständig ab.

Ozon ist für den Menschen lebensnotwendig und stellt zugleich eine Gefahr dar. Das Gas Ozon besteht aus drei Sauerstoffatomen. Es kommt überall in der Atmosphäre vor, konzentriert sich jedoch in der Stratosphäre ab etwa 20 km Höhe. Unter bestimmten atmosphärischen Bedingungen bildet es sich auch in Bodennähe. Im Gegensatz zum zweiatomigen Sauerstoff hat das Ozonmolekül drei Atome (O_3). Es ist farblos, manchmal auch mattblau, und hat einen typischen strengen Geruch. Außerdem ist es hochgiftig. Ende der 1970er-Jahre stellten Wissenschaftler des British Antarctic Survey fest, dass das Höhenozon über dem Eiskontinent erheblich abgenommen hatte. Das Ozonloch vergrößert sich periodisch im antarktischen Frühling und schließt sich mehrere Monate später wieder. Bei Forschungen in der Arktis entdeckte man dort einen geringeren Ozonrückgang mit ähnlichem Muster.

FCKW

Aufeinandergestapelte Kühlschränke und Gefriertruhen warten in einer Mülldeponie darauf, recycelt zu werden. Kompressoren, Kühlmittel und Polyurethanschaum werden entfernt, bevor die Geräte gepresst und als Schrott verkauft werden. Die Kühlmittel und der Schaum enthalten FCKW. Die giftigen Gase zersetzen die Ozonschicht und halten in der Atmosphäre Wärme zurück, was den Treibhauseffekt verstärkt.

Man hat herausgefunden, dass für den Rückgang die Fluorchlorkohlenwasserstoffe (FCKW) verantwortlich waren. Diese chemischen Stoffe waren als Kühlmittel und als Treibmittel für Sprays weitverbreitet. Außerdem wurden sie in Klimaanlagen, Lösungsmitteln und Verpackungsmaterialien wie Polystyrol verwendet. Wenn FCKW in die Atmosphäre gelangen, reagieren sie mit Sonnenlicht und bilden das hoch reaktive Gas Chlormonoxid, das bei der Ozonzerstörung als Katalysator wirkt. 1987 wurde nach einem UNO-Kongress das Montreal-Abkommen von 49 Ländern unterzeichnet. Ihr Ziel war es, die Verwendung von FCKW drastisch zu reduzieren. Im Jahr 1990 verpflichtete sich die EU dann zu einem Totalverbot von FCKW ab 2000. Ein NASA-Satellit startete 1991, um die Schwankungen des Ozons in verschiedenen Höhen zu messen und der Forschung ein umfassendes Bild zu ermöglichen. Obwohl die FCKW-Emissionen seit den 1990er-Jahren dramatisch gesenkt wurden, bleibt das Problem bestehen. Die chemischen Stoffe sind langlebig und können über achtzig Jahre in der Atmosphäre bleiben, sodass sie die Ozonschicht noch lange Zeit schädigen können. In der Folge wird die Erde erheblich mehr UV-Strahlung ausgesetzt, die Hautkrebs, Augenerkrankungen und Genmutationen sowie eine Schwächung des menschlichen Immunsystems verusachen kann.

DAS BODENOZON

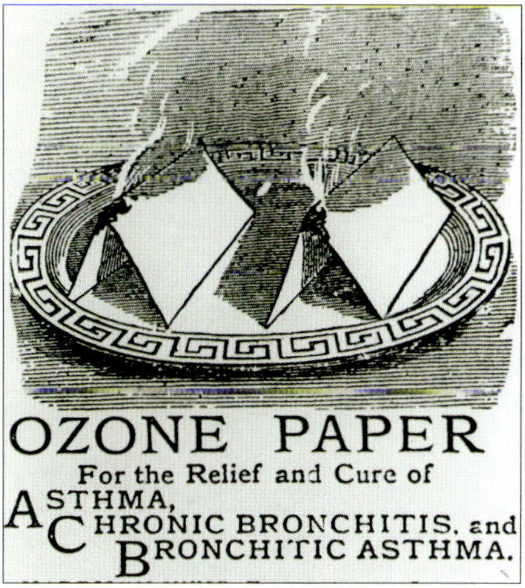

Ozon kommt auch in den unteren Schichten der Atmosphäre und in Bodennähe vor. Obwohl es ein toxisches Gas ist, gilt es in einer Konzentration unter 30 ppb als relativ ungefährlich. Inzwischen wissen wir, dass der gesundheitsbedrohliche Anstieg der Ozonkonzentration in Bodennähe auf den Menschen zurückzuführen ist.

Bodenozon ist ein Schadstoffgas, das erhebliche Gefährdungen für Menschen mit Atemwegserkrankungen birgt, vor allem für Asthmatiker, Senioren und Kleinkinder. Daher werden die Ozonwerte sorgfältig überwacht. Sobald sie eine kritische Grenzmarke erreichen, werden die Risikogruppen gewarnt. Aber nicht nur die menschliche Gesundheit wird durch Ozon beeinträchtigt, sondern auch Tiere und Pflanzen. Außerdem schädigt es Gummi, Nylon, Plastik und Farben. Die Kosten für Austausch und Reparatur von Geräten mit solchen Materialien können immens sein.

Bodennahes Ozon trägt zu saurem Regen und zum verstärkten Treibhauseffekt bei und ist teilweise auch für fotochemischen Smog verantwortlich. Ozon entsteht als Nebenprodukt beim Verbrennen fossiler Treibstoffe. Wenn Kohlenwasserstoffe und Stickstoffoxide mit Sonnenlicht reagieren, bilden sie Ozon. Fotochemischer Smog ist ein komplexer Schadstoff und bildet sich, wenn die chemische Reaktion unter starkem Sonnenlicht stattfindet. Daher ist das Risiko in Stadtgebieten mit viel Sonnenschein besonders groß, wie das in Kalifornien im Sommer der Fall ist. Die Winde befördern die Schadstoffe von ihrem Entstehungsort – den Städten – hinaus auf das Land.

Links: Versuchsanordnung zur Erforschung der Auswirkungen von Ozon- und Kohlendioxidverschmutzung auf Pflanzen. Die Bäume stehen innerhalb eines FACE-Ringes (Free-Air CO_2/O_3 Enrichment). Aus 2,5 m hohen Rohren (weiß) werden Ozon (O_3) und/oder Kohlendioxid (CO_2) in die Luft gepumpt. Kohlendioxid begünstigt das Pflanzenwachstum, während Ozon es beeinträchtigt. Das Schadstoffgas Ozon hat hier die Bäume geschädigt. Es ist davon auszugehen, dass der Ozongehalt mit der zunehmenden Industrialisierung und Erwärmung ansteigen wird.

Oben: Werbung für Ozonpapier aus den 1880er-Jahren. Der Rauch, der beim Verbrennen von Ozonpapier aufstieg, galt als lindernd bei Asthma und Bronchitis. Das giftige Ozon ist eine Form von Sauerstoff und bildet sich nicht beim Verbrennen von Papier.

GLOBALE ERWÄRMUNG

Ein paar heiße Sommer oder eiskalte Winter müssen nicht unbedingt Vorboten eines tief greifenden Klimawandels sein. Dennoch legen umfassende Indizien nahe, dass sie einen Trend anzeigen. Der 1988 gegründete Zwischenstaatliche Ausschuss für Klimaänderungen (IPCC) sagte 2001 einen Anstieg der globalen Temperaturen zwischen 1,4 °C und 5,8 °C bis zum Ende des 21. Jahrhunderts vorher. Außerdem gab er bekannt, dass der Großteil der in den letzten fünfzig Jahren festgestellten Erwärmung höchstwahrscheinlich menschlichen Aktivitäten zuzuschreiben ist. Damit wurde erstmals ein Zusammenhang zwischen menschlichem Umweltverhalten und dem Klimawandel hergestellt. Die globalen Temperaturen sind in den letzten 150 Jahren um 0,6 °C gestiegen, wobei eine erhebliche Beschleunigung seit den 1960er-Jahren beobachtet wird. Die 1990er-Jahre waren das wärmste Jahrzehnt seit Beginn der Wetteraufzeichnungen 1861. Bis Ende des 19. Jahrhunderts gab es in jedem Jahr 15 bis 20 kalte Tage mit Durchschnittstemperaturen unter dem Gefrierpunkt; bis Ende des 20. Jahrhunderts waren es nur noch zehn Tage. Der Meeresspiegel ist während des letzten Jahrhunderts bereits um 10 bis 20 cm angestiegen. Das arktische Meereis nimmt ab, und in einigen Weltregionen intensiviert sich der Niederschlag. Das grönländische Inlandeis schmilzt an manchen Stellen über 1 m im Jahr ab. Die Schneedecke der nördlichen Hemisphäre hat sich um etwa 10 % reduziert, und die Berggletscher der nichtpolaren Regionen sind Ende des 20. Jahrhunderts massiv zurückgegangen. Die Eiskappe des Kilimandscharo in Tansania büßte seit 1912 etwa 82 % ihrer Masse ein. Auch das Quelccaya-Eisschild in den Anden Südperus hat seit 1963 bereits 20 % seiner Masse verloren. Die mittleren und hohen Breiten der Nordhalbkugel verzeichneten eine 2- bis 4%ige Zunahme schwerer Regenfälle. Außerdem steigerten sich in den letzten Jahrzehnten Häufigkeit und Intensität von Dürren in Asien und Afrika. Ob all dies tatsächlich beweist, dass ein größerer globaler Klimawandel im Gange ist, bleibt jedoch abzuwarten.

Blick auf den Rand des grönländischen Inlandeises. Die Ausdehnung des Eisschilds ist jahreszeitlich bedingt. Ein Großteil der arktischen Insel ist aber das ganze Jahr über von Eis bedeckt.

GLOBALE VERDUNKELUNG

Im Jahr 2001 zeigte der britische Wissenschaftler Gerry Stanhill in einem Bericht, dass immer weniger Sonnenlicht die Erde erreicht. Er arbeitete in Israel, hatte dortige Aufzeichnungen zur Lichtintensität aus den 1950er-Jahren mit aktuellen Messungen verglichen und dabei einen 22%igen Rückgang der empfangenen Sonneneinstrahlung festgestellt. Daraufhin studierte er internationale Messergebnisse und entdeckte in den USA einen Rückgang um 10%, in Teilen der früheren Sowjetunion um fast 30% und in Teilen Großbritanniens um 16%. Der Rückgang der Lichtintensität variiert von Ort zu Ort und betrug zwischen den 1950er- und 1990er-Jahren im globalen Mittel 1 bis 2% pro Jahrzehnt. Stanhill nannte das Phänomen globale Verdunkelung oder Global Dimming. Seine Erkenntnisse wurden in der Forschung mit Skepsis aufgenommen, konnten jedoch vor Kurzem in Australien anhand anderer Methoden bestätigt werden.

Verursacht wird die globale Verdunkelung durch das Verbrennen fossiler Treibstoffe, die Kohlendioxid, Ruß-, Asche- und Schwefelverbindungen freisetzen. Die Partikel in der Atmosphäre reflektieren einen Teil des Sonnenlichts zurück in den Weltraum. Außerdem verändern sie die optischen Eigenschaften von Wolken, indem sie als hygroskopische Kerne wirken, an denen sich Wassermoleküle anlagern. Wolken in verschmutzten Bereichen enthalten daher mehr Wassertröpfchen als jene in nicht verschmutzten Bereichen und reflektieren verstärkt Sonnenstrahlung in den Weltraum.

Vermutlich besteht auch ein Zusammenhang zwischen der globalen Verdunkelung und den Dürren, die in den 1970er- und 1980er-Jahren südlich der Sahara auftraten und Tausende Menschenleben forderten. Gelangt nämlich weniger Sonnenstrahlung zu den Ozeanen, werden auch die globalen Niederschlagsmuster gestört.

Smog lastet schwer über einer belebten Straße in Buenos Aires. Der dichte, dunkle, schwefelhaltige Nebel enthält Staub- und Rußpartikel.

WÜSTENBILDUNG

Große Wüsten wie die Sahara haben sich über Hunderte und Tausende Jahre hinweg natürlich entwickelt. Im Lauf dieser Zeit haben sie sich unabhängig vom Einfluss des Menschen ausgedehnt oder sind zurückgegangen. Gegenwärtig breiten sich die Wüstengebiete immer schneller aus. Zumindest teilweise scheint dafür das Verhalten der Menschen und der globale Klimawandel verantwortlich zu sein.

Wo eine Wüste beginnt oder endet, lässt sich meist nur schwer bestimmen. Oft vollzieht sich der Übergang schleichend. Das Verhalten der Menschen in den Übergangszonen ist entscheidend für die Bildung und Ausbreitung von Wüsten. Wo die Bevölkerung zunimmt, kann der Druck auf die empfindlichen Ökosysteme der ariden und semiariden Randgebiete zu groß werden. Überweidung, das Schlagen von Feuerholz und ungeeignete Landwirtschaftstechniken führen zu Bodenverschlechterung, sodass nichts mehr wächst. Der Oberboden trocknet aus und wird vom Wind fortgeweht. Für die zweite Hälfte des 21. Jahrhunderts wird für die ostafrikanischen Länder Kenia, Mosambik und Tansania eine Erwärmung vorhersagt, die mit beständiger Trockenheit einhergehen soll. Dies gefährdet zwangsläufig den Getreideanbau der Region. Mit den Temperaturen steigt auch die Verdunstungsrate in den ohnehin bedrohten Gebieten. Somit werden sich die bestehenden Probleme noch verschärfen. Für Nord- und Westeuropa wird auch eine verstärkte Bodenerosion erwartet, wenn die Erde durch ausbleibende Niederschläge austrocknet und von zunehmenden Winden fortgeweht wird. Nahrungsmittelknappheit wird die Folge in den gegenwärtig produktiven Gebieten sein. Die reichen europäischen Länder können sich den Import von Lebensmitteln leisten, doch sollte unsere Eigenproduktion noch weiter sinken, wäre das in der Zukunft problematisch. Die ungewöhnlichen Dürren von 1976 und 2006 waren nur der Beginn dessen, was uns erwartet, wenn die globale Erwärmung fortschreitet.

Skelettüberreste in Sossusvlei in Namibia. Die Sanddünen entstehen durch Sandverwehungen. Der Sand sammelt sich zu Erhebungen, die zunächst parallel zur Windrichtung liegen. Wenn der Wind Sand aufnimmt und absetzt, bilden sich kleine Wellen in den Dünen. Man unterscheidet drei Hauptwüstentypen: die Sandwüste (Erg), die Felswüste (Hammada) und die Geröllwüste (Reg). Wüsten entstehen auf vielerlei Weise, gemeinsam ist ihnen allen aber der Wassermangel. Nur etwa 25 % der Wüsten der Welt sind Sandwüsten.

EL NIÑO

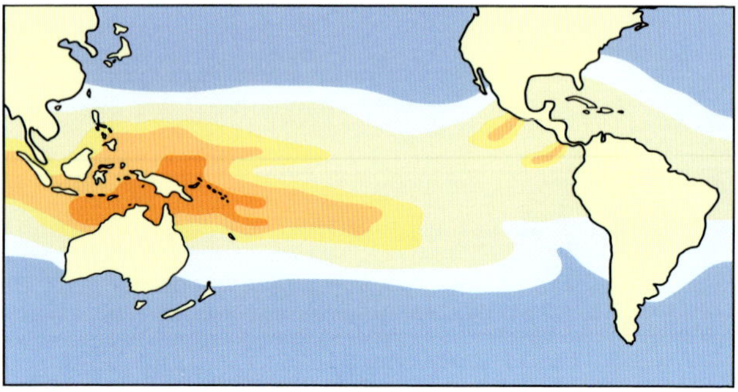

La Niña Januar bis März 1989

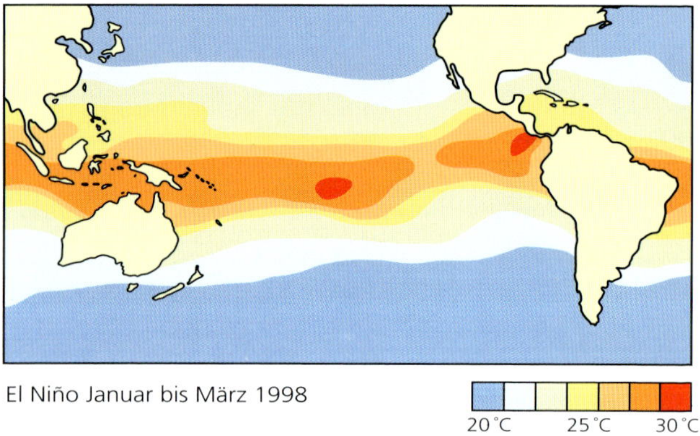

El Niño Januar bis März 1998

Im September 2006 wurde im Ostpazifik ein Anstieg der Meeresoberflächentemperaturen um 1,4 °C in weniger als zwei Wochen gemessen. Dies schien der Beginn eines El-Niño-Jahres zu sein. Mit dem Meeresphänomen und seinem Pendant, La Niña, verbinden sich Dürren, Fluten und Häufung von Hurrikanen. Mit El Niño bezeichnet man eine Störung des ozeanisch-atmosphärischen Systems im tropischen Pazifik. Sie bringt warmes Wasser in den Ostpazifik und wird mit ungewöhnlichen Wetterereignissen rund um den Erdball verknüpft. Erkannt wurde das Phänomen von südamerikanischen Fischern, die stets um die Weihnachtszeit ungewöhnlich warmes Wasser vor der Pazifikküste beobachteten. Das spanische *el niño* heißt „kleiner Junge“ oder „Christkind“. Die Warmwasseranomalie taucht ungefähr alle elf Jahre auf, manchmal aber auch in kürzeren Abständen, so 1986/87, 1991/92 und erneut 1997/98.

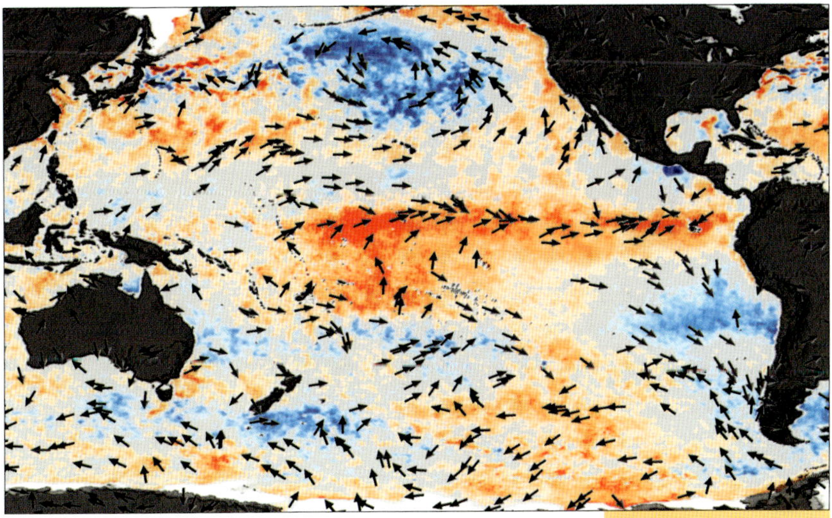

Normalerweise wehen die Passatwinde westwärts über die tropischen Pazifikbereiche. Unter dem Windschub staut sich warmes Oberflächenwasser im Westpazifik, weshalb der Meeresspiegel in Indonesien 50 cm höher liegen kann als vor Ecuador. Im Osten sind die Oberflächengewässer auch 8 °C wärmer als im Westen, weil vor Südamerika kaltes Wasser aus der Tiefe zur Oberfläche aufsteigt. Es ist besonders nährstoffreich und sorgt für eine große Artenvielfalt. An der Küste gibt es auch relativ wenig Niederschlag. An den westpazifischen Küsten regnet es hingegen häufig, weil die feuchtwarme Meeresluft aufsteigt und westwärts über das Land streicht. In einem El-Niño-Jahr verhält es sich jedoch anders, weil die Passatwinde im Zentral- und Westpazifik abflauen. Daraufhin steigen die Meerestemperaturen im Ostpazifik und lösen heftige Regenfälle aus. Die Folge sind Überschwemmungen an den Westküsten Südamerikas, während die Länder im Westen wie Australien und Indonesien weniger Regen oder sogar Dürren verzeichnen. Das Klimaphänomen beschränkt sich nicht nur auf den Pazifik, denn El Niño wirkt sich auch auf die globalen Kreisläufe und das Weltwetter aus. So wurde das El-Niño-Jahr 2002 z. B. als Urheber von schweren Überschwemmungen in Europa und Dürren in den USA, Australien und Teilen von Südostasien ausgemacht.

Oben: Die Satellitendaten von 2002/03 zeigen Anomalien der Meeresoberflächentemperatur (SST) und der Windrichtung im Pazifik. Landmassen erscheinen grau. Die SST-Daten zeigen Bereiche, die wärmer (orange) und kühler (blau) sind als normalerweise. Die Windrichtung wird durch Pfeile verdeutlicht. Hier fällt El Niño gemäßigt aus, mit einem Warmbereich vor allem in der Pazifikmitte.

Links: Normalerweise wehen die Passatwinde westwärts. Das Meer ist im Westen 8 °C wärmer als im Osten (oben), wo kaltes Tiefenwasser zur Oberfläche aufsteigt. In einem El-Niño-Jahr lassen im Ostpazifik (unten) die Passatwinde nach, und die Meerestemperaturen steigen an.

ANSTEIGEN DES MEERESSPIEGELS

Eine beunruhigende Auswirkung der globalen Erwärmung, sei sie natürlich oder anthropogen, ist der drohende Anstieg des Meeresspiegels. Inselstaaten wie Tuvalu kämpfen bereits jetzt mit Überschwemmungen. Und aller Voraussicht nach wird sich das Problem ausbreiten.

Nach einem australischen Forschungsbericht von 2006 ist der Meerespegel zwischen 1870 und 2004 um 20 cm angestiegen, wobei ein Großteil der Zunahme auf die letzten fünfzig Jahre entfällt. Ausgehend von Messungen des globalen Tidenhubs prognostiziert die Forschungsorganisation CSIRO einen Anstieg des Meeresspiegels im 21. Jahrhundert um bis zu 34 cm, sofern der gegenwärtige Trend anhält. Der internationale Zwischenstaatliche Ausschuss für Klimaänderungen (IPCC) zog ähnliche Schlussfolgerungen und befürchtet im schlimmsten Fall sogar einen Anstieg um 88 cm für diesen Zeitraum.

Ursache für den drohenden Anstieg ist die Erwärmung der Erdatmosphäre, die weitreichende Folgen hat. Eine davon ist das Abschmelzen von Berggletschern und Eisschilden wie dem grönländischen Inlandeis. Erwärmtes Wasser dehnt sich aus, und dies treibt den Wasserpegel zusätzlich in die Höhe.

Auch der westantarktische Eisschild bereitet den Wissenschaftlern Sorgen. Nach ihren Schätzungen könnte sein Abschmelzen den Meeresspiegel um 6 m ansteigen lassen. Während der letzten Zwischeneiszeit, als es nahezu kein permanentes Eis auf der Erdoberfläche gab, lag er vermutlich 6 m höher als heute. Zahlreiche Gletscher und Eisschilde rund um den Globus weichen zurück und schmelzen deutlich ab. Ein vollständiges Abschmelzen des grönländischen Eisschilds würde den Meeresspiegel vermutlich um 7 m anheben. Schon eine Teilschmelze könnte eine Zunahme von 1 m bewirken. Bei einem Anstieg in dieser Größenordnung würden die Malediven gänzlich untergehen, und die Folgen für Länder wie Bangladesch, das zu 50 % nur 5 m über dem Meeresspiegel liegt, wären katastrophal.

Eisberge des Roseggletschers treiben in einem See im Rosegtal. Das Schweizer Alpental war ursprünglich vom Eis des Roseg- und Tschiervagletschers bedeckt. Durch die Klimaerwärmung sind die Gletscher in den letzten Jahrzehnten stark zurückgewichen. Eine beim Abschmelzen des Tschiervagletschers hinterlassene Moräne hat das Tal blockiert und den See gebildet.

DER GOLFSTROM

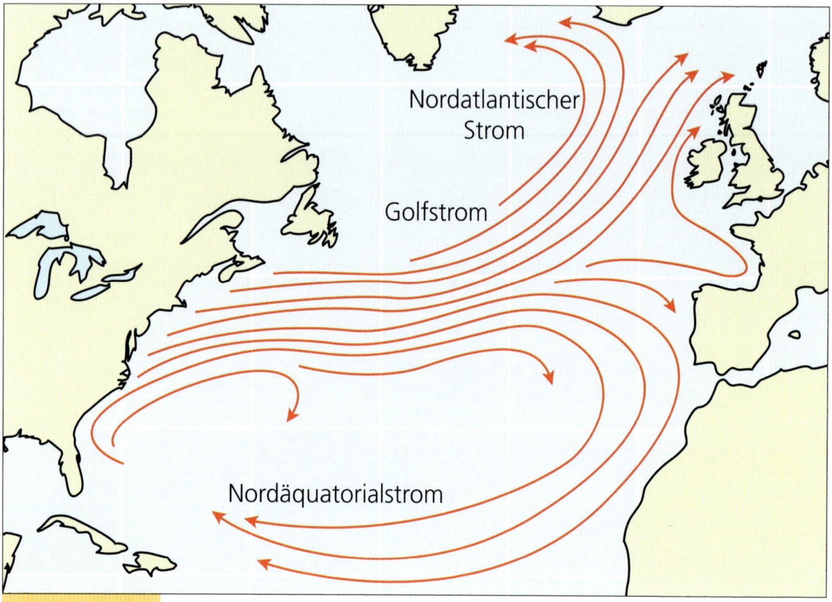

Karte zum Verlauf des Golfstroms. Der Golfstrom ist die mächtigste Meeresströmung in der nördlichen Hemisphäre. Kommt der Golfstrom zum Erliegen, sagen verschiedene Klimamodelle jeweils ein etwas anderes Szenario vorher, alle konstatieren sie jedoch massive Veränderungen der normalen Wettermuster.

Der Hollywood-Kassenhit *The Day After Tomorrow* von 2004 lenkte die Aufmerksamkeit eines breiten Publikums auf die wichtige Rolle, die der Golfstrom für das Wetter in der nördlichen Hemisphäre spielt. In dem Film stoppt der Golfstrom schlagartig und löst eine Folge katastrophaler Wetterereignisse aus, die den Beginn einer neuen Eiszeit markieren. Der Golfstrom ist die mächtigste Meeresströmung in der nördlichen Hemisphäre und befördert etwa 135 Milliarden Liter Wasser pro Sekunde. Als Teil des globalen Förderbands, eines maritimen Strömungssystems, bringt der Golfstrom warmes Wasser aus der Nordkaribik an die Küsten West- und Nordeuropas. Damit sorgt er für das dortige gemäßigte Klima. Obwohl die Britischen Inseln auf derselben geografischen Breite wie Neufundland im Nordosten Kanadas liegen, herrscht dort niemals extreme Kälte, und das Meer friert nicht zu. Der Golfstrom ist auch für die längeren Wachstumszeiten an den Küsten Westeuropas verantwortlich: Selbst in nördlichen Regionen wie Schottland können dank der Wärme, die die Meeresströmung mitbringt, subtropische Pflanzen gedeihen. Bei einem weiteren Anstieg der globalen Temperaturen würde die Eiskappe

Die Aufnahme des Spaceshuttles *Endeavour* zeigt die Grenze zwischen dem Golfstrom und den nordost-amerikanischen Küstengewässern. Das Glitzern auf dem Wasser markiert den Unterschied zwischen beiden: Im Gegensatz zu den ruhigen Küstengewässern zeigt der warme, schnell strömende Golfstrom (untere Hälfte) komplexe Wirbel.

in Grönland abschmelzen. Ersetzt Regen in den hohen Breiten Schneefall, kommt es zu Störungen, wenn das Süßwasser zunimmt und der Salzgehalt des Nordatlantiks absinkt. Dies könnte zum vollständigen Erliegen des Nordatlantischen Strömungssystems führen. Verschiedene Klimamodelle sagen jeweils ein etwas anderes Szenario vorher, alle konstatieren sie jedoch massive Veränderungen der normalen Wettermuster. Mit dem Versiegen des Golfstroms würde es in Europa erheblich kühler. Forschungsergebnisse von 2006 sprechen dabei für einen Zeitraum von wenigen Jahrzehnten. In Europa fielen die Temperaturen laut dem britischen meteorologischen Forschungszentrum Hadley Centre um etwa 3 bis 4 °C. Der Temperaturunterschied zwischen der Kleinen Eiszeit vom 15. bis zum 19. Jahrhundert und der mittelalterlichen Warmperiode betrug nur 1 bis 2 °C; 3 bis 4 °C hätten also gravierende Auswirkungen. Das Hadley Centre prognostiziert weiterhin kürzere, kühlere Sommer und damit eine verkürzte Wachstumsperiode mit erheblichen Folgen für die Landwirtschaft. Eiskernproben aus den Polargebieten belegen, dass in der Vergangenheit immer wieder Klimaveränderungen mit Temperaturschwankungen zwischen 5 und 10 °C innerhalb nur eines Jahrzehnts aufgetreten sind. Neue Forschungsergebnisse führen viele von ihnen auf den ozeanischen Kreislauf zurück.

GRÖSSERE STURMGEFAHR

Die Hurrikansaison 2005 wurde durch den Hurrikan Katrina berühmt, der im Sommer New Orleans und den Golf von Mexiko verwüstete. Sofort kamen Gerüchte auf, nach denen Katrina und andere heftige Wirbelstürme der Hurrikansaison Vorboten für eine merkliche Zunahme der Erwärmungsauswirkungen waren. In einem Bericht von 2004 meldete das Institut für Technologie in Georgia, dass in den 15 Jahren zwischen 1975 und 1990 insgesamt 171 schwere Hurrikane der Kategorie 4 oder 5 auf der Saffir-Simpson-Skala aufgetreten waren. Im Vergleich stieg die Zahl der Stürme in der Zeit von 1990 bis 2004 auf 269 Stürme an. Als Grund dafür gilt die Erwärmung der Meeresoberflächentemperatur um etwa 0,9 °C über das Langzeitmittel.

Anhand von 22 Computermodellen wurden verschiedene Klimaszenarien erstellt. Danach ist der Anstieg der Meeresoberflächentemperatur in den pazifischen Taifun- und atlantischen Hurrikangebieten zu mindestens 66 % durch menschliche Aktivität bedingt.

Die Hurrikanbildung über dem Atlantik vollzieht sich in Phasen und verändert sich innerhalb weniger Jahrzehnte. So waren die 1940er- und 1950er-Jahre aktiv, anders als die 1970er und 1980er. Die gegenwärtige aktive Phase hat gegen 1995 eingesetzt. Da nicht alle Hurrikane das Land erreichen, werden sie auch nicht so ausführlich dokumentiert wie Katrina.

Extreme Wetterereignisse in Europa waren der Große Sturm von 1987 über Nordfrankreich und die Flut im Sommer 2002, die mehrere Länder heimsuchte und unter anderem in Prag und Dresden Jahrhunderthochwasser auslöste. Daneben treten weltweit von Stürmen verursachte lokale Überschwemmungen auf. In den Medien wird darüber häufig berichtet, zum einen weil sie unsere wachsende Besorgnis angesichts der häufigen und intensiven Stürme widerspiegeln, zum anderen wegen eines möglichen Zusammenhangs mit der Erderwärmung. Mehr und mehr Menschen sind von diesen weniger extremen Stürmen betroffen. Wir sollten auch über die Tatsache nachdenken, dass inzwischen mehr Menschen als je zuvor in Überschwemmungsgebieten leben, sodass auch geringere Hochwasser gravierende Folgen haben.

Sintflutartiger Regen, der einen Hurrikan oder andere extreme Stürme begleiten kann, verursacht Überschwemmungen, Erdrutsche und Schlammlawinen, die dann Straßen, Brücken, Eisenbahnen und manchmal sogar ganze Städte wegreißen können.

HITZEWELLEN

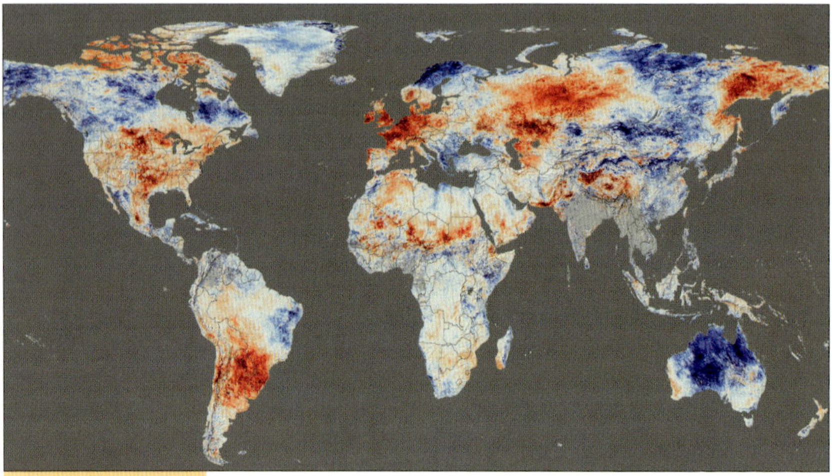

Die Weltkarte zeigt die Temperaturen während der Hitzewelle im Sommer 2006 im Vergleich mit den Vorjahrestemperaturen. Hierfür wurde die mittlere Landoberflächentemperatur vom 12. bis zum 19. Juli 2006 mit den Durchschnittstemperaturen desselben Zeitraums in den sechs Vorjahren (2000 bis 2005) verglichen. Rot steht für wärmere und Blau für kühlere Temperaturen. Die Extreme (dunkelrot und dunkelblau) über- bzw. unterschreiten die Vergleichswerte um 10 °C. Die Daten stammen vom MODIS-Sensor des NASA-Satelliten Terra.

Eine ungewöhnliche Hitzewelle kostete im Sommer 1995 insgesamt 740 Einwohner von Chicago das Leben, und im Sommer 2003 starben infolge von intensiver Hitze fast 15 000 Franzosen. So beunruhigend diese Zahlen erscheinen – nach Ansicht vieler Klimawissenschaftler könnten sie zur Regel werden, wenn sich Theorien zur globalen Erwärmung bewahrheiten und die Hitzewellen häufiger wiederkehren. Das US-amerikanische Zentrum für Atmosphärenforschung (NCAR) berechnete mithilfe von Klimamodellen das Auftreten zukünftiger Hitzewellen und kam zu dem Schluss, dass Europa und Nordamerika mit großer Wahrscheinlichkeit immer häufigere, längere und intensivere Hitzeperioden erleben werden. Sie fallen zusammen mit einer Intensivierung des atmosphärischen Kreislaufs durch die Treibhausgase. Besonders schwere Hitzewellen werden für einen Gürtel vorhergesagt, der sich vom Mittelmeer bis zum Nordwesten der USA erstreckt. Der Balkan, Deutschland und Frankreich würden demnach immer anfälliger für Hitzewellen wie jene von 2003 werden. Für die Stadt Chicago wird eine Zunahme solcher Ereignisse um 25 % vorhergesagt und für Paris sogar bis zu 31 %. Damit stünden die Stadtverwaltungen vor gewaltigen Problemen.

KRANKHEITEN

Die Erderwärmung wird auch gravierende Folgen auf die Verbreitung von Krankheiten haben. Typische Tropenkrankheiten können in Zukunft auch in höheren Breiten auftreten, wenn der vorhergesagte Temperaturanstieg eintritt. Malaria ist eine Krankheit, für die es gegenwärtig keinen Präventivimpfstoff gibt und die etwa 600 Millionen Menschen weltweit betrifft. Übertragen wird sie durch die in den Tropen beheimatete Fiebermücke Anopheles gambiae. Sticht das Mückenweibchen einen Infizierten, nimmt es mit dem Blut auch den Plasmodium-Parasiten, den Krankheitserreger, auf. Anschließend legt es seine Eier auf einer stehenden Wasseroberfläche ab. Wenn die Larven schlüpfen, tragen sie den Parasiten weiter. Bei einer allgemeinen Erderwärmung besteht die Gefahr, dass sich die Krankheit auch in den bisher malariafreien Ländern Europas ausbreitet. Mücken, die das Denguevirus übertragen, waren bisher auf Höhen bis 1000 m beschränkt, tauchten aber kürzlich in 2200 m Höhe in den kolumbianischen Anden auf. Die Länder, die von solchen Krankheiten heimgesucht werden, zählen oft zu den ärmsten der Welt.

Bei einer Erwärmung der hohen Breiten besteht die Gefahr, dass sich die Krankheit auch in den bisher malariafreien Ländern ausbreitet Auch Stechmücken, die andere Krankheiten übertragen, breiten sich aus. Durch Klimaänderungen können sie nun in Bereichen überleben, die für sie bisher nicht geeignet waren.

BEVÖLKERUNGSSTRÖME

Angesichts von über 400 Millionen Menschen, die in trockenen, subtropischen, oft überbevölkerten und wirtschaftlich armen Regionen leben, stellen der Klimawandel und seine Auswirkungen eine erhebliche Gefahr für die politische, ökonomische und soziale Stabilität vieler Staaten dar. In armen Ländern fehlt es an Ressourcen und Mitteln, um schnell auf Krisensituationen reagieren zu können. So wird es zu Massenauswanderungen kommen, wenn verzweifelte Menschen auf der Suche nach einem besseren Leben in wirtschaftlich bessergestellte Regionen strömen. Ein solches Szenario droht etwa Bangladesch. Für die Mitte des 21. Jahrhunderts werden unter anderem beständige Taifune und höhere Flutwellen vorhergesagt, die einen Großteil des Landes unbewohnbar machen werden. Mit ansteigendem Meeresspiegel kommt es zur Verunreinigung der Trinkwasservorräte und damit zu einer humanitären Krise, die eine Massenauswanderung auslösen wird. Wenn sich Migrantenströme nach China und Indien bewegen, werden dort die Spannungen zunehmen.

Europa wird von allen Kontinenten wahrscheinlich am schwersten vom Klimawandel betroffen sein. Dort wird ein Temperaturrückgang von 3 °C in weniger als einem Jahrzehnt vorhergesagt. Am dramatischsten soll es an den Nordwestküsten zugehen, wo trockene, windige Witterungen Einzug halten, wie sie aus Sibirien bekannt sind. Sie werden eine Massenauswanderung auslösen. Südeuropa würde quasi in die Zange genommen zwischen den emigrierenden Nordeuropäern und den Not leidenden Regionen Afrikas. Die afrikanische Einwanderung stellt die europäischen Länder schon seit mehreren Jahrzehnten vor Probleme. Wie gut der Kontinent eine solch schwierige Situation verkraften würde, lässt sich nur schwer abschätzen.

Stürme und der Anstieg des Meeresspiegels stellen für die in den Küstenebenen lebenden Menschen eine Bedrohung dar.

Größte Temperaturschwankung in 24 Stunden
55 °C: Temperatursturz am 23./24. Januar 1916 in Browning im US-Bundesstaat Montana von +6 °C auf –49 °C.

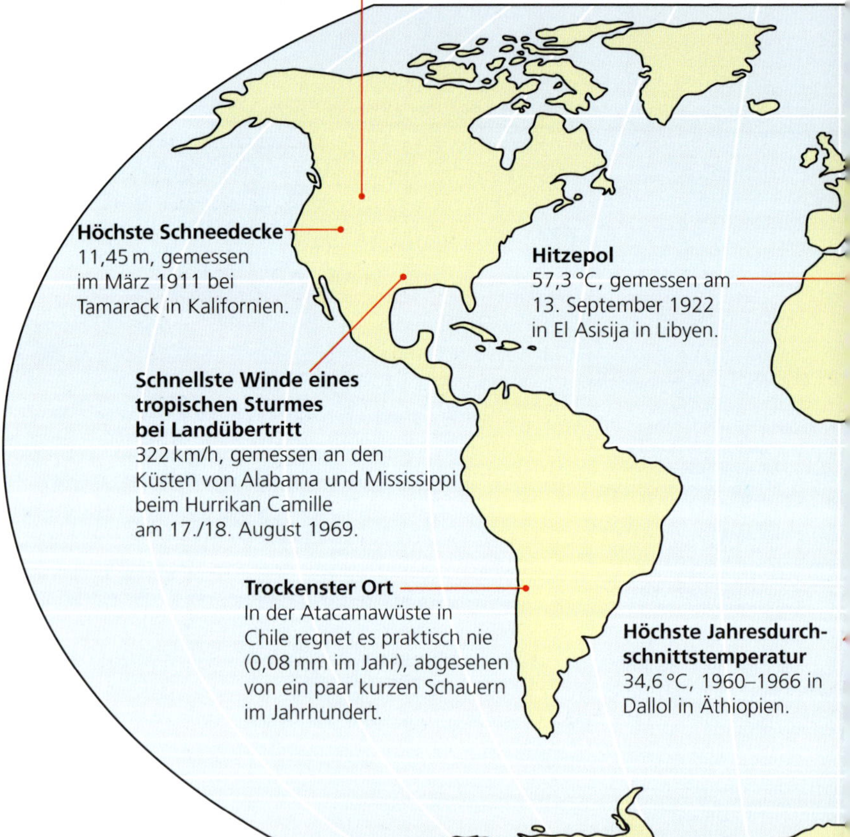

Höchste Schneedecke
11,45 m, gemessen im März 1911 bei Tamarack in Kalifornien.

Hitzepol
57,3 °C, gemessen am 13. September 1922 in El Asisija in Libyen.

Schnellste Winde eines tropischen Sturmes bei Landübertritt
322 km/h, gemessen an den Küsten von Alabama und Mississippi beim Hurrikan Camille am 17./18. August 1969.

Trockenster Ort
In der Atacamawüste in Chile regnet es praktisch nie (0,08 mm im Jahr), abgesehen von ein paar kurzen Schauern im Jahrhundert.

Höchste Jahresdurchschnittstemperatur
34,6 °C, 1960–1966 in Dallol in Äthiopien.

Niedrigste Jahresdurchschnittstemperatur
–57 °C, gemessen am Pol der Unzugänglichkeit in der Antarkt

WETTERREKORDE

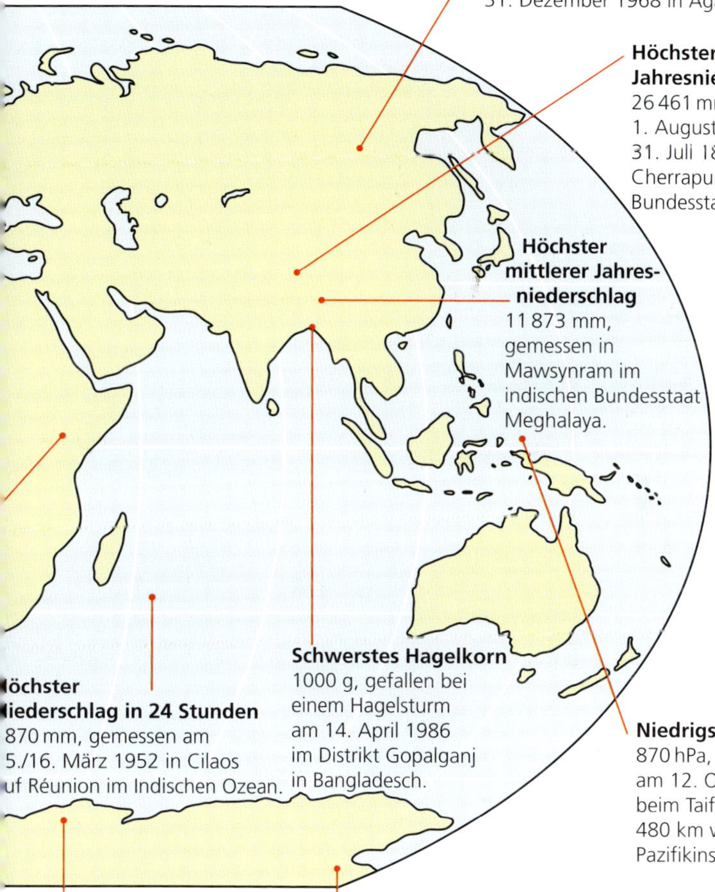

TEMPERATUREN

HEISSESTE ORTE

Die höchsten Temperaturen nach Kontinenten:

Afrika: In El Asisija in Libyen herrschten am 13. September 1922 in 112 m Höhe die höchsten Temperaturen der Welt: 57,3 °C.

Nordamerika: Bei der Greenland Ranch (heute Furnace Creek Ranch) im kalifornischen Death Valley, die 54 m unter Meeresniveau liegt, stieg das Thermometer am 10. Juli 1913 auf 56,7 °C.

Asien: Die höchste aufgezeichnete Temperatur Asiens trat am 22. Juni 1942 in Israel bei Tirat Zwi auf. Wie das Death Valley auch liegt das Gebiet unter Meeresniveau, etwa bei –220 m. Die gemessene Temperatur betrug 53,9 °C.

Australien: In Cloncurry in Queensland, etwa 190 m über dem Meeresspiegel gelegen, stieg das Thermometer am 16. Januar 1889 auf 52,8 °C. Die Gültigkeit des Messwerts wird in Zweifel gezogen, da die damals verfügbaren Instrumente heutigen Standards nicht entsprechen.

Europa: Am 4. August 1881 glühte Sevilla in Südspanien unter den heißesten Temperaturen Europas: 50 °C.

Südamerika: Im Jahr 1905 wurde es in Rivadavia in Argentinien 48,8 °C heiß.

Ozeanien: Am 29. April 1912 verzeichnete Tuguegarao auf den Philippinen einen Hitzerekord von 42,2 °C.

Die höchste Temperatur der Erde wurde in El Asisija in der libyschen Sahara am 13. September 1922 aufgezeichnet.

KÄLTESTE ORTE

Die niedrigsten Temperaturen nach Kontinenten:

Asien: Der ehrenvolle zweite Platz gebührt zwei Niederlassungen im asiatischen Teil Russlands. In Oimjakon und Werchojansk in Sibirien wurden jeweils –67,8 °C gemessen, in ersterer am 6. Februar 1933 und in letzterer am 7. Februar 1892.

Nordamerika: Am Yukon in Kanada wurden am 3. Februar 1847 die niedrigsten Temperaturen des Kontinents gemessen, nämlich –63 °C.

Europa: An einem Januartag – das genaue Datum ist unbekannt – herrschten bei Ust-Shchugor im europäischen Teil Russlands Minustemperaturen von –55 °C.

Südamerika: Die niedrigste Temperatur trat mit –32,8 °C am 1. Juni 1907 bei Sarmiento in Argentinien auf.

Afrika: Ifrane in Marokko verzeichnete am 11. Februar 1935 eine Temperatur von –23,9 °C in 1635 m Höhe.

Australien: Am 29. Juni 1944 wurden in Charlotte Pass in New South Wales in 1755 m Höhe –23 °C gemessen.

Ozeanien: Im Mai 1979 zeichnete das Observatorium am Mauna Kea auf Hawaii in 4205 m Höhe –11 °C auf.

NIEDERSCHLAG

FEUCHTESTE ORTE (Jahresdurchschnitt)

Südamerika: 13 299 mm Regen fallen in Lloró in Kolumbien durchschnittlich im Jahr. Sollte diese Schätzung zutreffen, so würde sie den offiziellen Spitzenwert von 10 790 mm brechen, der bei Quibdó, ebenfalls in Kolumbien und nur wenige Kilometer von Lloró entfernt gelegen, aber in geringerer Höhe gemessen wurde.

Asien: Die höchsten mittleren Niederschläge des Kontinents fallen in Mawsynram in Indien. Auf 1400 m beträgt der Jahresdurchschnitt 11 873 mm.

Ozeanien: Hier steht Hawaii erneut an erster Stelle mit 11 684 mm Jahresniederschlag am Mount Waialeale auf der Insel Kauai.

Afrika: Kamerun hat den höchsten Durchschnittsniederschlag Afrikas. Bei Debundscha beträgt er 10 287 mm.

Australien: Im 1555 m hoch gelegenen Bellenden Ker in Queensland regnet es durchschnittlich 8636 mm im Jahr.

Nordamerika: Am Henderson Lake in der kanadischen Provinz British Columbia liegt das Jahresmittel bei 6502 mm.

Europa: In Crkvica, in Bosnien-Herzegowina in 1017 m Höhe gelegen, beträgt der Jahresdurchschnitt 4648 mm. Dieser Rekord besteht seit 22 Jahren.

Zu den meisten Todesopfern durch Blitzschlag kam es, als am 8. Dezember 1963 eine Boeing 707-121 nahe Elkton im US-Bundestaat Maryland vom Blitz getroffen wurde. 81 Menschen starben, als der Blitz den Treibstoff entzündete und der Jet im Flug explodierte.

TROCKENSTE ORTE (Jahresdurchschnitt)

Südamerika: Er liegt in der Atacamawüste in Chile. Zwischen 1964 und 2001 unterschritt der mittlere Jahresniederschlag bei Quillaga 0,5 mm.

Afrika: In der Oase Dachla in Ägypten betrug der mittlere Jahresniederschlag zwischen 1932 und 1985 nur 0,7 mm.

Nordamerika: Bei Batagues in Mexiko fallen jedes Jahr nur 31 mm Regen im Durchschnitt.

Asien: Seit fünfzig Jahren fallen in Aden im Jemen nur 46 mm im Jahresdurchschnitt.

Australien: In Mulka in Südaustralien beträgt der mittlere Niederschlag 103 mm.

Europa: In der russischen Stadt Astrachan fallen jedes Jahr nur 163 mm Regen.

Ozeanien: 227 mm Niederschlag sind der gewohnte Jahresdurchschnitt für die Inselwelt. Spitzenreiter ist Puako auf Hawaii.

SONNE, REGEN UND DONNER

Die meisten Sonnentage in Folge: Zwischen 9. Februar 1967 und 17. März 1969 herrschte in St. Petersburg in Florida an 768 Tagen in Folge strahlender Sonnenschein.

Die meisten Sonnenscheinstunden: In Yuma in Arizona scheint die Sonne durchschnittlich 4040 Stunden von 4456 möglichen Stunden – dies entspricht fast 91 %. In Deutschland liegt der Rekord bei 2329 Stunden, gemessen 1959 auf dem Klippeneck in der Schwäbischen Alb.

Die meisten Regentage: Auf der Hawaiiinsel Kauai ist die Regenwahrscheinlichkeit immer hoch – nur an zwei Tagen im Jahr regnet es nicht. Im Durchschnitt hat das Jahr dort bis zu 350 Regentage – dies entspricht 96 %.

Die meisten Donnertage des Jahres: Tororo in Uganda hält den Weltrekord von durchschnittlich 251 Tagen Donner im Jahr, wie in einer Studie zwischen 1967 und 1976 festgestellt wurde.

WIND

Windigster Ort in großer Höhe
Am Mount Washington in New Hampshire (USA) erreichten die Windgeschwindigkeiten in 1917 m Höhe am 24. April 1934 einen 10-Minuten-Durchschnittswert von 371 km/h. Die stärkste Bö war am selben Tag 416 km/h schnell.

Windigster Ort in Deutschland
Die stärkste Bö in Deutschland wurde am 12. Juni 1985 mit 335 km/h auf der Zugspitze gemessen.

Tornados – die größte Tornadodichte
Obwohl man die größte Tornadodichte in den USA vermuten würde, steht in diesem Fall Großbritannien an erster Stelle. In den USA tritt durchschnittlich ein Tornado pro 8663 km² auf, in Großbritannien kommt jedoch ein Tornado auf 7397 km².

Tornados – die größte Anzahl in 24 Stunden
Wenig überraschend zeigten sich die meisten Tornados in 24 Stunden in der berüchtigten Tornado Alley in den USA. Hier wurde am 3. und 4. April 1974 eine Häufung von 148 Tornados verzeichnet.

Tornados – der größte
Erneut liegt hier die Tornado Alley in Führung. Am 3. Mai 1999 zog ein gewaltiger Tornado durch Mulhall in Nordoklahoma. Er hatte einen Durchmesser von 1600 m und kostete 46 Menschen das Leben. Am selben Tag traten über 70 Tornados auf.

SCHNEEFALL UND HAGELKÖRNER

Passanten kämpfen sich durch Schnee und Wind. Die größte Neuschneemenge in einem Monat wurde im März 1911 mit 11,45 m in Tamarack in Kalifornien aufgezeichnet.

Größte Neuschneemenge im Jahr
Hier steht Vulkan Mount Rainier an erster Stelle. Zwischen Februar 1971 und Februar 1972 fielen dort insgesamt 31,1 m Neuschnee.

Größte Neuschneemenge an einem Tag
Der meiste Neuschnee an einem Tag fiel in Silver Lake im US-Bundesstaat Colorado. Dort kam am 15. April 1921 die gewaltige Menge von 1,93 m Neuschnee vom Himmel.

Die höchste Schneedecke Deutschlands
Sie wurde am 2. April 1944 auf dem Zugspitzplatt am Schneefernerhaus in 2650 m Höhe gemessen: 8,30 m.

Größte Neuschneemenge bei einem Schneesturm
Ein anderer amerikanischer Vulkan liegt hier in Führung. Im Jahr 1959 fielen bei einem Sturm zwischen 13. und 19. Februar an der Ski Bowl am Mount Shasta in Kalifornien 4,80 m Neuschnee.

Größte Schneeflocke
Nach Aufzeichnungen vom Januar 1887 war eine riesige Schneeflocke in Fort Keogh im US-Bundesstaat Montana gefallen. Sie soll einen Durchmesser von 38 cm und eine Breite von 20 cm gehabt haben – groß genug für viele Schneebälle.

Schwerstes Hagelkorn
Das schwerste Hagelkorn der Erde donnerte im April 1986 in Bangladesch zu Boden: Es wog mehr als 1 kg. Bei dem Unwetter kamen 92 Menschen ums Leben. Im Jahr 1888 starben in Moradabad in Indien dutzende Menschen und bis zu 1600 Rinder, als golf- und tennisballgroße Hagelkörner vom Himmel fielen.

Das größte Hagelkorn der amerikanischen Geschichte fiel in Aurora in Nebraska bei einem heftigen Gewitter am 22. Juni 2003. Der Eisklumpen hatte fast 18 cm im Durchmesser und einen Umfang von 48 cm. In der Hagelwolke wandern die Hagelkörner auf und ab und wachsen dabei, bis sie zu schwer geworden sind oder aus dem Aufwindbereich herausgeschleudert werden.

REGISTER

BILDNACHWEIS UND DANKSAGUNG

Science Photo Library

Doug Allan 61; Jim Amos 200; John Beatty 98; Ben Nevis Observatory 187; Bettmann 76/77; Adrian Bicker 10/11; Martin Bond 190, 194/195, 196/197; Brian Brake 128/129; British Antarctic Survey 206, 207; Chris Butler 202; Cape Grim B.A.P.S 179; Colin Cuthbert 58u; Michael Donne 166, 185; Bernhard Edmaier 224/225; European Space Agency 25; Eye of Science 78; Simon Fraser 87, 186, 201; David R Frazier 93; Gordon Garradd 45; Geoeye 37; Geospace 28; Mark E Gibson 70/71; Michael Gilbert 218, 220; Pascal Goergheluck 97; Goldin Carlos 226/227; Hay Jones David 65, 172, 173, 178, 222; Kaprielian John 216/217; Paulo Koch 47; Damian Lovegrove 152/153; Magrath/Folsom 66; Marine Biological Survey 208; Jerry Mason 221; John Mead 188/189, 192/193; Peter Menzel 138, 181; G Antonio Milani 95; Carlos Munus-Yague/ Meteo France/Eurelios 184; NASA 30, 52, 67, 84, 96, 132, 139, 169, 231, 235, 238, 40/41; NASA/Goddard Space Centre 117; NCAR 81; Thomas Nilsen 212/213, 214/215; NOAA 131, 182; Ria Novosti 136, 191/193; NRSC Ltd 72; David Nunuk 142/143; Sam Ogden 174, 177; David Parker 175, 183; Gary Parker 94; Pekka Parviainen 56/57, 58o, 59, 60, 63, 148/149, 150/151; George Post 127; Paul Rapson 176; Jim Reed 68, 80, 170/171, 180; Dave Reede 156; Rev. Ronald Royer 74/75u; Chris Sattlberger 116; Karsten Schneider 85; Mark A Schneider 22/23, 154/155; Science Photo Library 36, 42, 165, 167, 204/205, 223; Stammers/Sinclair 210/211; Michael Szoenyi 209, 232/233; Sheila Terry 159; Mike Theiss/Jim Reed Photography 114; Geoff Tompkinson 92; Mike Umsscheid 53; University of Dundee 38, 43; Detlev Van Ravenswaay 168; Jeremy Walker 203; Art Wolfe 64

Digital Vision

1, 2, 3, 4, 8/9, 12, 14, 15, 16, 18, 19, 20, 24, 26, 32, 35, 39, 44, 48, 51, 62, 69, 79, 82, 83, 90, 99, 100, 103, 106, 107, 108, 109, 110, 111, 112/113, 115, 118/119, 120, 121, 122, 126, 133, 140/141, 145, 146/147, 198/199, 228/229, 236/237, 240/241, 245, 246, 247, 248, 250

Getty Images

74/75o, 102, 123, 124/125, 162/163, 164, 239, 249

Corbis

17, 21, 91, 101, 104/105, 130, 134/135, 157, 158, 244, 251